Raciocínio lógico
computacional:
fundamentos e aplicações

Raciocínio lógico computacional:...

...fundamentos e aplicações_

André Roberto Guerra

Rua Clara Vendramin, 58
Mossunguê_CEP 81200-170_Curitiba_PR_Brasil
Fone: (41) 2106-4170
www.intersaberes.com
editora@intersaberes.com

conselho editorial_Dr. Alexandre Coutinho Pagliarini
_Dr.ª Elena Godoy
_Dr. Neri dos Santos
_M.ª Maria Lúcia Prado Sabatella

editora-chefe_Lindsay Azambuja

gerente editorial_Ariadne Nunes Wenger

assistente editorial_Daniela Viroli Pereira Pinto

preparação de originais_Caroline Rabelo Gomes

edição de texto_ Palavra do Editor

projeto gráfico_Raphael Bernadelli

capa_Sílvio Gabriel Spannenberg

diagramação_Muse Design

equipe de design_Iná Trigo
_Sílvio Gabriel Spannenberg

iconografia_Regina Claudia Cruz Prestes

Dados Internacionais de Catalogação na Publicação (CIP)
(Câmara Brasileira do Livro, SP, Brasil)

Guerra, André Roberto

Raciocínio lógico computacional : fundamentos e aplicações / André Roberto Guerra. -- Curitiba : Editora Intersaberes, 2023.

Bibliografia.
ISBN 978-65-5517-052-8

1. Algoritmos de computadores 2. Estruturas de dados (Computação) 3. Linguagem de programação 4. Lógica I. Título.

22-134677   CDD-005.1

Índices para catálogo sistemático:

1. Lógica de programação : Computadores : Processamento de dados   005.1
Cibele Maria Dias - Bibliotecária - CRB-8/9427

1ª edição, 2023.

Foi feito o depósito legal.

Informamos que é de inteira responsabilidade do autor a emissão de conceitos.

Nenhuma parte desta publicação poderá ser reproduzida por qualquer meio ou forma sem a prévia autorização da Editora InterSaberes.

A violação dos direitos autorais é crime estabelecido na Lei n. 9.610/1998 e punido pelo art. 184 do Código Penal.

sumário_

dedicatória = 7
agradecimentos = 9
prefácio = 11
apresentação = 15
como_aproveitar_ao_máximo_este_livro = 19

0000_0001 = I   23
introdução_à_lógica:_desenvolvimento_histórico_e_fundamentos   24

0000_0010 = II   43
proposições_e_predicados:_classificação,_linguagem_simbólica_e_cálculos   44

0000_0011 = III   57
cálculo_proposicional:_operações_lógicas   58

0000_0100 = IV   69
cálculo_proposicional:_tabelas-verdade   70

0000_0101 = V   87
fórmulas_proposicionais_especiais:_proposições_compostas   88

0000_0110 = VI   107
relações_de_implicação_e_equivalência_lógicas   108

0000_0111 = VII   127
álgebra_das_proposições_e_método_dedutivo   128

0000_0001 = VIII   141
lógica_dos_predicados   142

0000_0010 = IX   161
cálculo_dos_predicados_de_primeira_ordem   162

considerações_finais = 187
glossário = 189
referências = 193
apêndice = 195
respostas = 209
sobre_o_autor = 223

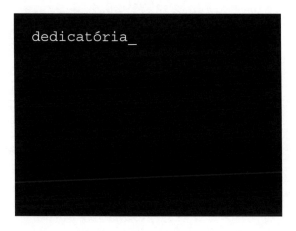

Dedico esta obra aos leitores,
que são a razão da escrita.

Dedico também aos meus filhos,
Isabela e Daniel.

A todos(as) que colaboraram, direta ou indiretamente, para o desenvolvimento desta obra.

"Se você não quer ser substituído por um robô, não seja um robô."
(Martha Gabriel, PhD especialista em Inteligência Artificial)

prefácio_

O legado do Professor André Roberto Guerra no âmbito da educação superior em nosso país é inquestionável e significativo. Sua contribuição se estende a cursos de Engenharia, nas modalidades presencial, semipresencial e a distância.

O raciocínio lógico é estudado por professores, pesquisadores e neurocientistas desde as fases iniciais da vida e, agora, tornou-se conhecimento fundamental para o aprofundamento na área computacional, particularmente na inteligência artificial, assunto tão explorado e um dos maiores mercados de trabalho em um breve futuro.

Prefaciar este livro de tão ilustre amigo é uma honra para mim, em face de sua importância para profissionais e alunos dos cursos superiores não só de Engenharia da Computação, mas de todas as áreas afins.

Trata-se de uma obra que fornece, com suavidade, ao leitor e a todos os que desejam se enveredar pelos seus caminhos uma visão ampla e detalhada dos principais conhecimentos do raciocínio lógico, assunto que nunca esteve tão presente em nosso dia a dia, visto que o desenvolvimento tecnológico se apresenta com uma velocidade cada vez maior e totalmente dependente da área computacional.

Nesta obra, o autor procurou, em um inteligente passo a passo, mostrar o que é o raciocínio lógico aplicado à ciência da computação e como se desenvolve e se aplica o cálculo proposicional, com ênfase na construção das tabelas-verdade. Também explorou de modo inteligente as fórmulas proposicionais especiais, com suas propriedades semânticas. Ainda, enfatizou as relações da implicação lógica e da equivalência da lógica, a álgebra das proposições e o método dedutivo.

Nos diversos capítulos, o autor apresenta questões aplicadas, o que mantém o leitor concentrado e entretido.

Dessa forma, a obra proporciona aos profissionais da engenharia da computação – alunos, professores e gestores da área – ferramentas para alcançar os melhores resultados nos âmbitos acadêmico e profissional.

Recomendo a leitura deste livro, inclusive, para profissionais que não são da área da engenharia, não só

para que aprendam sobre o assunto, mas, principalmente, para que identifiquem o elo entre sua área de
atuação e o raciocínio lógico.

Boa leitura e aproveite bem o conteúdo!

Dr. Nelson Pereira Castanheira

apresentação_

As capacidades de planejar e realizar projeções e ajustes são atributos bastante característicos de nossa espécie. Tais conjecturas não seriam possíveis sem a habilidade de raciocinar, de modo a estruturar e articular as situações com base em noções do que é possível ou impossível, do que procede ou não, por exemplo.

Tamanha é a importância da habilidade de raciocinar logicamente que entre alguns dos primeiros exames realizados com crianças estão aqueles que analisam, justamente, o desenvolvimento de seu raciocínio lógico.

Contudo, nas disciplinas iniciais dos cursos superiores, sobretudo na área da ciência da computação e/ou sistemas de computação, percebe-se grande dificuldade dos acadêmicos em compreender conceitos elementares de lógica na definição das atividades a serem desenvolvidas pelos mais diversos sistemas computacionais, desde os circuitos mais básicos de mudança de estado (os transistores) até os mais avançados algoritmos de *machine learning* e realidade virtual.

Conforme explica Tanenbaum (2013, p. 1, grifo do original),

> um computador digital é uma máquina que pode resolver problemas para as pessoas, executando instruções que lhe são dadas. Uma sequência de instruções descrevendo como realizar determinada tarefa é chamada de **programa**. Os circuitos eletrônicos de cada computador podem reconhecer e executar diretamente um conjunto limitado de instruções simples, para o qual todos os programas devem ser convertidos antes que possam ser executados. [...]
>
> Juntas, as instruções primitivas de um computador formam uma linguagem com a qual as pessoas podem se comunicar com ele. Essa linguagem é denominada **linguagem de máquina**.

Acredita-se que os conceitos e as definições da lógica são a base para o entendimento dessa linguagem, pois possibilitam uma relação mais harmônica entre os estudos clássicos e sua aplicabilidade no mundo contemporâneo.

Nessa perspectiva, esta obra constitui uma introdução à lógica elementar clássica, procurando alcançar os objetivos gerais e específicos propostos pela disciplina

Raciocínio Lógico para cursos da área da computação. É, portanto, essencial àqueles que se interessam pela computação e pela estrutura subjacente a seu funcionamento.

Assim, a presente obra divide-se em nove capítulos. No Capítulo 1, apresentamos os conceitos sobre a lógica formulados ao longo dos séculos. No Capítulo 2, definimos conceitos e tipos de proposições e predicados, bem como elementos simbólicos relacionados a eles. Nos Capítulos 3 e 4, iniciamos a abordagem de um dos temas mais importantes deste livro, o cálculo proposicional, contemplando as operações lógicas, e descrevemos a construção de tabelas-verdade, respectivamente. No Capítulo 5, tratamos das fórmulas proposicionais especiais, das propriedades semânticas básicas da lógica proposicional (tautologia, contradição e contingência) e suas relações. No Capítulo 6, versamos sobre as relações de implicação e equivalência lógicas. No Capítulo 7, passamos ao estudo da álgebra das proposições e do método dedutivo. No Capítulo 8, enfocamos a lógica dos predicados para, por fim, apresentarmos o cálculo dos predicados de primeira ordem no Capítulo 9.

Cada conteúdo é examinado de maneira detalhada, utilizando-se os instrumentos necessários para a compreensão das teorias e das definições. Por isso, para aprimorar o entendimento, propomos alguns exercícios em todos os capítulos.

Ao final desta obra, disponibilizamos um glossário com os termos de maior relevância e um apêndice com uma síntese da lógica booleana, reunindo conceitos e definições essenciais do tema. Consideramos ser fundamental a compreensão desse material de apoio para o desenvolvimento de qualquer solução computacional, desde a mais simples até a mais sofisticada.

Esperamos que os conceitos aqui apresentados contribuam não só para propiciar o aprofundamento do assunto, mas também para instigar leituras e estudos posteriores.

Boa leitura e bons estudos!

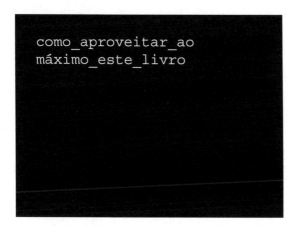

como_aproveitar_ao máximo_este_livro

Empregamos nesta obra recursos que visam enriquecer seu aprendizado, facilitar a compreensão dos conteúdos e tornar a leitura mais dinâmica. Conheça a seguir cada uma dessas ferramentas e saiba como estão distribuídas no decorrer deste livro para bem aproveitá-las.

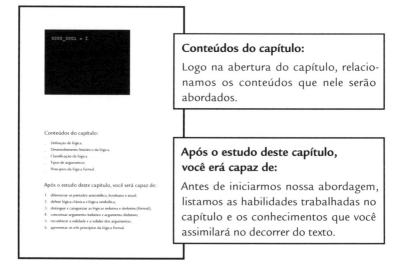

Conteúdos do capítulo:
Logo na abertura do capítulo, relacionamos os conteúdos que nele serão abordados.

Após o estudo deste capítulo, você erá capaz de:
Antes de iniciarmos nossa abordagem, listamos as habilidades trabalhadas no capítulo e os conhecimentos que você assimilará no decorrer do texto.

Exemplificando

Disponibilizamos, nesta seção, exemplos para ilustrar conceitos e operações descritos ao longo do capítulo a fim de demonstrar como as noções de análise podem ser aplicadas.

O que é

Nesta seção, destacamos definições e conceitos elementares para a compreensão dos tópicos do capítulo.

Importante!

Algumas das informações centrais para a compreensão da obra aparecem nesta seção. Aproveite para refletir sobre os conteúdos apresentados.

Notação

Esclarecemos, nestes boxes, o uso de símbolos e caracteres relacionados ao sistema de representação gráfica comum à área de conhecimento a que esta obra se associa.

Notação

Os parênteses – ( ) – são símbolos utilizados para denotar o "alcance" dos conectivos. Por exemplo:

"Se a Lua é quadrada e a neve é branca, **então** a Lua não é quadrada": ((p ∧ q) → (~p))

Como se percebe, os parênteses alteram a ordem de precedência dos conectivos.

Tradução da linguagem natural para a linguagem simbólica

O procedimento inicial do cálculo proposicional envolve a tradução da linguagem natural para a linguagem dos símbolos (proposições lógicas), e vice-versa. Acompanhe um exemplo dessa tradução, com o uso das expressões **mas** e **nem** e de parênteses.

p: "Está quente"
q: "Tem sol"

"**Não** está quente, **mas** tem sol" equivale a "**Não** está quente e tem sol". (~p) ∧ q (mas equivale à ∧).

"**Não** está quente **nem** ensolarado" equivale a "**Não** está quente e **não** está ensolarado". (~p) ∧ (~q).

Veja o caso das operações lógicas simbólicas com parênteses:

p: "A lua é quadrada"
q: "A neve é branca".

"**Se** a lua é quadrada e a neve é branca, **então** a lua **não** é quadrada" (p ∧ q) → (~p)

"A lua **não** é quadrada **se, e somente se**, a neve é branca": (~p) ↔ q

---

Curiosidade

Venn (1834-1973) nasceu em uma família do subúrbio de Londres, conhecida por sua filantropia. Ele frequentou escolas londrinas e conquistou seu diploma em matemática no Caius College, Cambridge, em 1857. Foi eleito membro de sua faculdade e manteve o cargo até a sua morte. Frequentou o seminário em 1859 e, depois de uma breve carreira religiosa, retornou a Cambridge, onde desenvolveu trabalhos na área da ciência moral. Além de seu trabalho em matemática, Venn tinha interesse em história e escreveu intensamente sobre sua faculdade e sua família." (Rosen, 2010, p. 115).

No diagrama de Venn, cada classe é representada por um círculo. Para representar a proposição que afirma que a classe **não** tem elementos, o interior do círculo é **sombreado**; já quando é preciso indicar que a classe tem **pelo menos um** elemento, um X é inserido no círculo.

Para representar uma proposição categórica pelo diagrama de Venn, são necessários dois círculos, pois duas classes são referenciadas. Assim, para representar uma proposição que referencia dois predicados, S e P, são utilizados dois círculos que se interceptam, como ilustra a Figura 9.1.

Figura 9.1 - Diagrama de Venn que referencia os predicados S e P

Agora observe a Figura 9.2, que representa proposição "Todo S é P", com a forma simbólica ∀x(Sx → Px). Nela, o sombreado em S indica que todos os elementos em S estão concentrados na interseção com P.

Curiosidade

Nestes boxes, apresentamos informações complementares e interessantes relacionadas aos assuntos expostos no capítulo.

---

de que suas conclusões sejam estabelecidas. Assim, validade e solidez são características de argumentos dedutivos.

Considera-se um **argumento dedutivo válido**, ou simplesmente argumento válido, aquele em que, sendo todas as premissas verdadeiras, obrigatoriamente sua conclusão é verdadeira. Por exemplo:

"Todo humano é mortal.
Pedro é humano.
Logo, Pedro é mortal".

Entende-se por **argumento sólido** aquele em que as premissas são certamente verdadeiras na realidade. No caso anterior, o argumento é sólido, pois "Todo humano é mortal" e "José é humano", ou seja, são premissas realmente verdadeiras. No entanto, examine este outro exemplo:

"Todo verdureiro é bonito.
José é verdureiro.
Logo, José é bonito".

Nota-se que a premissa "Todo verdureiro é bonito" não é, necessariamente, sempre verdadeira. Desse modo, o primeiro exemplo é um argumento válido e sólido, enquanto o segundo é apenas válido.

[Síntese]

Neste capítulo introdutório, acompanhamos a história da lógica e reconhecemos as contribuições na área promovidas por vários estudiosos, de Platão a Zadeh, apontando especialmente dois de seus desdobramentos: a lógica clássica e a lógica simbólica. Nesse sentido, vimos também a diferenciação entre lógica dedutiva e lógica indutiva e os princípios da

---

Síntese

Ao final de cada capítulo, relacionamos as principais informações nele abordadas a fim de que você avalie as conclusões a que chegou, confirmando-as ou redefinindo-as.

Questões para revisão

Ao realizar estas atividades, você poderá rever os principais conceitos analisados. Ao final do livro, disponibilizamos as respostas às questões para a verificação de sua aprendizagem.

---

lógica simbólica, a saber: da identidade, da não contradição e do terceiro excluído. Por fim, tratamos de questões relacionadas à argumentação, como os tipos de argumentos e as noções de validade e solidez.

[Questões para revisão]

1. A lógica é definida pelo *Dicionário Aurélio* (2019) como "Coerência de raciocínio, de ideias. Modo de raciocinar peculiar a alguém, ou a um grupo. Sequência coerente, regular e necessária de acontecimentos, de coisas". Considerando essa citação e o conteúdo do capítulo, assinale a alternativa que indica corretamente como a lógica pode ser entendida:

   a. A ciência das coisas.
   b. Um conjunto de ideias complementares.
   c. A ciência do raciocínio.
   d. O pensamento humano em si.
   e. Uma disciplina formal aplicada à computação.

2. Assinale a alternativa que apresenta como a lógica dedutiva (formal) é dividida:

   a. Lógica clássica, lógicas complementares à clássica e lógicas não clássicas.
   b. Lógica epistêmica, lógica clássica e lógica *fuzzy*.
   c. Lógicas polivalentes, lógicas paraconsistentes e lógica clássica.
   d. Lógicas modais, lógica intuicionista e lógicas não aléticas.
   e. Lógicas complementares à clássica, lógicas probabilísticas e lógicas não reflexivas.

[Questão para reflexão]

1. As hipóteses, também conhecidas como *premissas*, são usualmente testadas cientificamente, de modo que os raciocínios elaborados a partir delas (argumentos) permitam não só a publicação de teses como também o avanço do conhecimento científico. Tendo isso em vista, elabore ao menos um argumento considerando as seguintes premissas:

   Premissa: "O uso de tecnologias digitais permite o ensino remoto".

   Premissa: "As escolas interromperam as aulas presenciais durante a pandemia".

   Premissa: "Durante a pandemia de covid-19, adotou-se o modelo de ensino remoto".

Questões para reflexão

Ao propor estas questões, pretendemos estimular sua reflexão crítica sobre temas que ampliam a discussão dos conteúdos tratados no capítulo, contemplando ideias e experiências que podem ser compartilhadas com seus pares.

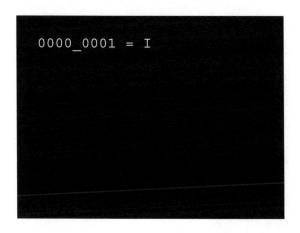

Conteúdos do capítulo:

- Definição de lógica.
- Desenvolvimento histórico da lógica.
- Classificação da lógica.
- Tipos de argumentos.
- Princípios da lógica formal.

Após o estudo deste capítulo, você será capaz de:

1. diferenciar os períodos aristotélico, booleano e atual;
2. definir lógica clássica e lógica simbólica;
3. distinguir e categorizar as lógicas indutiva e dedutiva (formal);
4. conceituar argumento indutivo e argumento dedutivo;
5. reconhecer a validade e a solidez dos argumentos;
6. apresentar os três princípios da lógica formal.

introdução_à_lógica:_desenvolvimento_histórico_e_fundamentos

Neste capítulo, apresentaremos um panorama da evolução da lógica, da Antiguidade à contemporaneidade, abrangendo definições, categorizações e conceitos basilares da área, como argumento e valores lógicos.

[Lógica e contemporaneidade]

As experiências dos sujeitos deste século são marcadas, por vezes, pela chamada *pós-verdade*, definida por Hancok (2016) como "circunstâncias nas quais os fatos objetivos são menos influentes na opinião pública do que as emoções e as crenças pessoais". Essa pós-verdade está diretamente conectada a outro elemento: as *fake news* (em português, "notícias falsas").

Mas o que isso tem a ver com lógica e com computação? Ora, vivemos em um momento em que a produção e a disseminação de fatos e narrativas não são mais atividades exercidas exclusivamente por um grupo de pessoas. Pelo contrário, com o surgimento e a popularização de computadores e celulares, os algoritmos determinam muitos aspectos de nossa vida: o que lemos, como lemos, como interpretamos, o que vestimos, com quem nos relacionamos.

Quando falamos em *fake news*, por exemplo, estamos nos referindo às informações sobre as quais não temos referencial de verdade, de coerência e de credibilidade. Nessa conjuntura, todos os argumentos parecem válidos, mas não remontam aos reais acontecimentos. Sua veiculação movimenta, hoje, uma grande indústria que faz uso da inteligência e da lógica computacionais.

Por isso, uma das habilidades mais requisitadas nesse contexto, a qual se inclui, até mesmo, entre as diretrizes estabelecidas na Base Nacional Comum Curricular (BNCC) (Brasil, 2018), documento que determina quais habilidades e competências são essenciais para o estudante da educação básica no Brasil, é a de avaliar a veracidade de uma informação, bem como a confiabilidade de sua fonte, entendendo a lógica da construção do texto com base nisso. Nota-se, portanto, a importância de se conhecer o funcionamento do raciocínio, da linguagem e da lógica inerentes a tudo isso.

Embora estejamos vivenciando um momento no qual a verdade é apenas um ponto de vista, isso nem sempre foi assim. Desde a Antiguidade Clássica, a busca pela verdade e pela coerência entre as ideias e os fatos sempre foi uma constante. Ao longo dos séculos, isso foi sendo aprimorado, como comentaremos na sequência.

[Desenvolvimento da lógica ao longo dos séculos]

A linguagem e os parâmetros de sua origem e seu desenvolvimento já eram tema de debate entre os antigos gregos. Nos diálogos de *Crátilo*, de Platão (428 a.C.-347 a.C.), a essência da discussão é a origem dos nomes e, tendo isso em conta, a relação entre nomes e coisas. É possível entender, com isso, que já havia a investigação a respeito da coerência entre linguagem e realidade, entre fatos e ideias.

Posteriormente, as investigações do filósofo Aristóteles (384 a.C.-322 a.C.) também se concentraram nesse aspecto, isto é, no entendimento do que há por trás da linguagem e, mais além, da argumentação que se elabora por meio dela.

A *analítica*, como ele denominava esse estudo, tinha como objetivo demonstrar como se configura um pensamento, o que o compõe e quais são suas substâncias e seus predicados. A ideia era realmente descrever a estrutura de

MidoSemsem/Shutterstock

Figura 1.1 - Aristóteles

um raciocínio para chegar a uma conclusão coerente. Por isso, foram elaborados exemplos clássicos como:

"Se todos os homens são mortais

e se Sócrates é homem,

então Sócrates é mortal".

É evidente que o estudo da lógica é mais complexo do que esse exemplo. Entretanto, ele ilustra bem o fato de que, com a decomposição dessas sentenças, busca-se encontrar a verdade na argumentação, ou seja, chegar à conclusão de que Sócrates, por ser homem, é mortal.

No decorrer dos séculos, a lógica aristotélica foi relida pelos filósofos posteriores, que abordaram, de maneiras diversas, as postulações acerca do funcionamento do pensamento, do surgimento das ideias, bem como da validade delas.

A partir do Renascimento, período de intensas revoluções artísticas e científicas, consolidou-se a compreensão de que precisava haver uma linguagem específica para o universo e para a natureza, não sendo possível decifrá-los apenas por meio do discurso e de descrições. Nesse sentido, destacaram-se as contribuições de Gottfried Leibniz (1646-1716).

Para esse filósofo, matemático e historiador de diversas cortes europeias, era fundamental a criação de uma linguagem universal para o progresso científico (Reale; Antiseri, 2005). Para tanto, era necessário estipular um sistema de signos para representar as noções primitivas da filosofia, bem

Danny Ye/Shutterstock

Figura 1.2 – Gottfried Leibniz

como escolher as regras lógicas que conectassem essas ideias simples, de modo a constituir noções complexas e, dessa maneira, expressar os pensamentos (Franzon, 2015). Em outras palavras, a proposta era criar um alfabeto do pensamento humano, convertendo pensamentos e raciocínios em símbolos facilmente identificáveis.

Essa busca por ideias e suas correlações simbólicas fez de Leibniz um dos precursores de cálculos que hoje conhecemos como *fundamentais*, como o cálculo diferencial integral e o cálculo infinitesimal. Além disso, ele desenvolveu uma calculadora bastante complexa para a época, já que era capaz não só de somar e subtrair, mas também de dividir e multiplicar.

Para os estudiosos da ciência da computação, talvez sua maior contribuição tenha sido o estudo a respeito da aritmética binária, atualmente empregada em circuitos eletrônicos que permitem a criação de uma linguagem específica para computadores digitais, agilizando, assim, o processamento de tarefas (Franzon, 2015).

Em razão da complexidade do pensamento de Leibniz, os conhecimentos que formulou só foram devidamente retomados e aplicados no início do século XX, época em que o pensamento computacional começou a fincar suas raízes de modo mais evidente.

D. Ribeiro/Shutterstock

Figura 1.3 – George Boole

Outro grande nome para a área da computação é o matemático e teórico britânico George Boole (1815-1864). Foi ele quem tornou possível, por exemplo, a existência do mecanismo de busca do Google, hoje o maior do mundo.

Em seu primeiro livro, *A análise matemática da lógica*, publicado em 1847, ele tinha como objetivo chegar à modelação do raciocínio dedutivo mediante um cálculo puramente matemático. Sob este aspecto reside fundamentalmente a inauguração da Lógica Matemática, isto porque ao adotar um método simbólico que prima pelo uso de símbolos como representantes das proposições lógicas, ao reger a manipulação destes símbolos por leis análogas às da Aritmética [...] e ao elaborar seu sistema tomando como base equações matemáticas, Boole consegue matematizar a lógica e quebrar com o padrão aristotélico. (Sousa, 2008, p. 139)

A partir de então, a matemática e seu universo de símbolos tornaram-se primordiais para o entendimento e a utilização da lógica como área do conhecimento e como ferramenta para a resolução de problemas.

Diferentemente de Boole, o filósofo e matemático alemão Gottlob Frege (1848-1925) tentou situar a lógica em um contexto independente da matemática. Em outras palavras, enquanto Boole buscou tratar a lógica como um campo pertencente à matemática, Frege fez o contrário, reduziu a matemática à lógica (Sousa, 2008).

A ênfase que Frege deu à lógica em seus estudos o transformou, a partir do início do século XX, em um dos pioneiros da lógica moderna. Isso

decorre essencialmente de três grandes contribuições que a ele deve a história do conhecimento. Em primeiro lugar, o de ter criado a moderna lógica matemática – como vemos pela primeira vez em seu livro *Begriffsschrift*, publicado em 1879 – cuja importância só é comparável aos *Primeiros Analíticos* de Aristóteles, livro com que se inaugura a própria história da lógica formal. Com efeito, a atividade científica de Frege consiste em ter descoberto e elucidado as mais elementares, profundas e fundamentais relações que se dão entre os conceitos e proposições da matemática. Tais relações, uma vez estabelecidas, foram por ele rotuladas de início de 'conceitográficas' e, mais tarde, de 'lógicas'. Daí por diante, a lógica passa a ser o estudo ordenado e sistemático de tais relações elementares. (Alcoforado; Duarte; Wyllie, 2018, p. 12-13, grifo do original)

Destacaram-se também alguns lógicos do século XIX. Um deles é o italiano Giuseppe Peano (1859-1932), cujo grande mérito consistiu em elaborar uma notação matemática, utilizada até hoje, que é mais simples que a de Frege. Ademais, ele criou a notação atual para a lógica de primeira ordem e desenvolveu a axiomatização da aritmética.

Outra contribuição fundamental para a lógica contemporânea foi a dos britânicos Bertrand Russell (1872-1970) e Alfred Whitehead (1861-1947).

Ambos publicaram a obra *Principia mathematica* (dividida em três volumes), dando início ao uso do conceito de paradoxos no âmbito da lógica. Com a contribuição do alemão Leopold Löwenheim (1878-1957), eles investigaram, em um artigo, o símbolo de igualdade na lógica de primeira ordem (Tasinaffo, 2008).

Figura 1.4 – Bertrand Russell

Claudio Divizia/Shutterstock

Já pensando na aplicabilidade dessas teorias no mundo computacional, Herbert Simon, Cliff Shaw e Allen Newell desenvolveram o primeiro programa de computador para inferência lógica, denominado *General Problem Solver* (Tasinaffo, 2008).

Atualmente, existem diversas vertentes do estudo da lógica que consideram, por exemplo, a variabilidade das escolhas humanas, aliando-as à inteligência artificial. Uma dessas correntes é chamada de *lógica fuzzy* (ou lógica nebulosa). Proposta por Lotfi Zadeh (1921-2017), matemático, engenheiro e cientista da computação azerbaijanês,

> Diferente da Lógica Booleana que admite apenas valores booleanos, ou seja, verdadeiro ou falso, a lógica difusa ou fuzzy, trata de valores que variam entre 0 e 1. Assim, uma pertinência de 0.5 pode representar meio verdade, logo 0.9 e 0.1, representam quase verdade e quase falso, respectivamente. (Rignel; Chenci; Lucas, 2011, p. 20)

A grande contribuição da lógica *fuzzy* reside no fato de que possibilita prever, por meio da inteligência artificial, determinados tipos de comportamentos e de escolhas em diversas áreas do conhecimento humano, da saúde à engenharia civil.

Diante desse breve panorama, é possível perceber que a trajetória dos estudos da lógica foi acompanhando as nuances do desenvolvimento humano e científico de cada época. Se antes a preocupação era a busca da verdade por meio da razão, hoje a lógica adentra um campo ainda repleto de mistérios: o da subjetividade de nossas escolhas e da previsão de nossas ações. Isso comprova que as ciências exatas regem nosso cotidiano muito mais do que imaginamos.

[Conceito, classificação e aplicações da lógica]

Conhecidos os principais momentos da história da lógica, vamos refinar seu conceito segundo a perspectiva de diferentes autores.

O raciocínio lógico tem como base a lógica matemática, tema amplamente estudado, desde as séries iniciais até os cursos mais atuais e avançados, em especial pelos temas de inteligência artificial e *machine learning* (em português, "aprendizado de máquina").

A lógica pode ser considerada a **ciência do raciocínio**. Derivada do grego *logos*, é mais que uma simples palavra. Na primeira tradução da bíblia cristã, por exemplo, do grego para o aramaico, o que conhecemos hoje como "No princípio era o verbo" surgiu do grego *"En arche en ho logos"*, indicando a ideia de *logos* como palavra, como verbo e como princípio de tudo.

Constata-se que, tanto na lógica aristotélica quanto na bíblia cristã, até os dias de hoje, mantém-se um fio condutor da noção de lógica, concebida como "a ciência das leis ideais do pensamento e a arte de aplicá-las à pesquisa e à demonstração da verdade" (Nascimento, 2020, p. 4).

Hoje sabemos que a lógica é fundamental para a progressão do aprendizado, dos bancos escolares à pós-graduação. Para Abar (2011), ela auxilia os estudantes no raciocínio, na compreensão de conceitos básicos e na verificação formal de programas, além de prepará-los melhor para a assimilação de conteúdos mais complexos.

Um dos desdobramentos desse campo diz respeito à lógica clássica e à lógica simbólica.

A **lógica clássica** – iniciada na Grécia por Aristóteles – trabalha com a linguagem natural (como o português ou o inglês) e é também chamada de *lógica matemática*. Argumentos formulados em tal linguagem, às vezes, são de difícil avaliação em razão da falta de precisão, assim como de construções eventualmente confusas, o que é decorrente da ambiguidade inerente às linguagens naturais.

Já a **lógica simbólica** (também denominada *lógica formal*) – iniciada por Leibniz e aperfeiçoada por Boole e pelo matemático e lógico britânico Augustus De Morgan (1806-1871) – utiliza símbolos matemáticos para expressar argumentos, deixando-os mais claros e, desse modo, possibilitando uma avaliação mais precisa. Uma vantagem da lógica simbólica é o fato de facilitar o uso do computador no tratamento de enunciados e argumentos, uma vez que o tratamento da linguagem natural executado nessa ferramenta é bem mais complexo.

O que é

Como veremos em detalhes adiante, os **argumentos** são raciocínios formulados com base em premissas ou proposições e não são necessariamente verdadeiros. Por exemplo:

Premissa: "Todos os tomates são amarelos".

Premissa: "Isabela é um tomate".

Conclusão: "Então Isabela é amarela".

Além disso, alguns autores dividem o estudo da lógica em duas partes: indutiva e dedutiva. Essa divisão ramifica-se em outras classificações, permitindo que se desenvolvam conceitos separadamente e se aperfeiçoe, cada vez mais, o estudo especializado de temas atuais e relevantes.

Na **lógica indutiva**, no âmbito do estudo da teoria da probabilidade, que não será assunto deste livro, investiga-se a aleatoriedade dos eventos e da chance de acontecerem ou não. Já a **lógica dedutiva** aborda a validade dos argumentos e pode ser, ainda, categorizada em:

_ **Lógica clássica**: é considerada o núcleo da lógica dedutiva.

_ **Lógicas complementares à clássica**: estendem o domínio da lógica clássica, como as lógicas modais, a deôntica e a epistêmica.

_ **Lógicas não clássicas**: anulam um ou mais princípios da lógica clássica (descritos adiante). Podemos citar, por exemplo: paracompletas e intuicionistas, que anulam o princípio do terceiro excluído; paraconsistentes, que anulam o princípio da contradição; não aléticas, que anulam o princípio do terceiro excluído e o da contradição; e não reflexivas, que anulam o princípio da identidade. Além delas, há as probabilísticas, as polivalentes e a *fuzzy*.

Princípios lógicos

A lógica formal está fundamentada em três princípios que permitiram todo o seu desenvolvimento posterior e dão validade a todos os atos do pensamento e do raciocínio:

1. **Princípio da identidade**: determina que **A = A e não pode ser B**; o que é, é; ou seja, todo objeto é idêntico a si próprio. Isso não é um simples jogo de palavras. Na verdade, é possível defender a noção oposta, de que a realidade é fluida, de que nada permanece igual a si próprio e de que qualquer raciocínio sobre objetos é uma ficção.

2. **Princípio da não contradição**: estabelece que **A = A e nunca pode ser não A**; o que é, é e não pode ser sua negação, ou seja, "o ser é", "o não ser não é". Logo, um objeto não pode, simultaneamente, ser e não ser. Desse modo, não é possível afirmar e negar o mesmo predicado para o mesmo objeto ao mesmo tempo, ou, ainda, de duas afirmações contraditórias, uma é necessariamente falsa.

3. **Princípio do terceiro excluído**: determina que **ou A é V (verdadeiro) ou A é F (falso)**, inexistindo uma terceira possibilidade.

Pode-se observar a utilização da lógica em diversas áreas do conhecimento, desde a filosofia, em sua acepção mais clássica, até letras, nos estudos sobre linguística, semiótica e produção textual. No âmbito das ciências exatas, sua aplicabilidade é mais evidente, como nos cursos de Matemática, Ciências da Computação e Engenharia de diversos segmentos.

Como uma das principais faltas da lógica tradicional é sua incapacidade de lidar com incertezas, busca-se minimizar essas lacunas com a lógica *fuzzy*. Isso faz com que a lógica esteja presente em nosso cotidiano também por meio da inteligência artificial, como em bancos de dados, aplicativos, aparelhos celulares, eletrodomésticos ou em um simples formulário do Google.

[Lógica e argumentação]

Coppin (2017) relaciona a lógica com o raciocínio e a validade de argumentos e assevera que, geralmente, ela não se preocupa com a **veracidade** das sentenças, mas com a **validade** delas, entendimento este que diz respeito à lógica dedutiva.

A lógica estuda a relação entre premissas (também chamadas de *hipóteses*) e sua conclusão (também denominada *tese*), visando concluir se esta última é ou não consequência das premissas, o que permite validar ou não o argumento. Confira o exemplo a seguir.

Figura 1.5 – Argumento = premissa(s) + conclusão

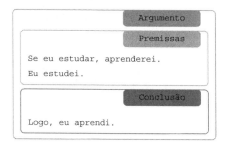

Mas o que é, afinal, um argumento? Ora, assim como o conceito central de lógica tem diversas acepções, o mesmo vale para a argumentação. Adotaremos aqui a perspectiva de que os **argumentos** são raciocínios formulados com base em premissas ou proposições. Com a validade dessas premissas, chega-se (ou não) à conclusão e à veracidade do argumento em si.

Na Figura 1.5 estão ilustradas, de forma bastante simples, duas premissas (se eu estudar, aprenderei/eu estudei) atreladas a uma conclusão (logo, eu aprendi). Esse encadeamento é coerente do ponto de vista lógico, visto que as premissas não se excluem, e o desfecho é uma consequência evidente das ações anteriores. Cabe destacar, neste momento, que tais técnicas de análise serão examinadas detalhadamente ao longo desta obra.

Veja, agora, outro argumento:

"Todas as maçãs são azuis.

José é uma maçã.

Então, José é azul".

Esse conjunto de sentenças é considerado válido, pois a conclusão (José é azul) segue logicamente as outras duas premissas. Apesar desse encadeamento estrutural lógico, tal argumento não se confirma na realidade, sendo tido como falso.

Diante disso, Coppin (2017) enfatiza a distinção entre veracidade e validade:

- **Validade do raciocínio**: refere-se ao fato de que a conclusão de um raciocínio é verdadeira caso suas premissas também o sejam, independentemente de essa situação se confirmar na realidade ou não.
- **Veracidade do raciocínio**: diz respeito à relação entre o raciocínio e a realidade. Por exemplo, a afirmação "O Sol é frio" só faz sentido se o Sol for de fato frio.

Assim, um conjunto válido de sentenças pode culminar em uma conclusão falsa; para isso, basta que uma ou mais das premissas também o sejam. Portanto, **um raciocínio só é válido se conduzir a uma conclusão verdadeira em todas as situações nas quais as premissas também o sejam.**

Dessa forma, é possível afirmar que a lógica está envolvida com **valores-verdade**: verdadeiro ou falso. Tais valores-verdade podem ser considerados suas unidades fundamentais, e quase toda a lógica está, em última análise, atrelada a eles.

Nessa perspectiva, pode-se desdobrar essa análise em dois tipos de argumentos: indutivo e dedutivo.

▪ Argumento indutivo

Em um argumento indutivo, ainda que as premissas sejam verdadeiras, a veracidade da conclusão não é garantida. A verdade das premissas não é, então, suficiente para assegurar a verdade da conclusão. Observe o Quadro 1.1.

Quadro 1.1 – Exemplo de argumento indutivo

Premissa	"É comum ficar nublado após a chuva".
Premissa	"Está chovendo".
Conclusão	"Vai ficar nublado".

No caso do Quadro 1.2, para que a conclusão seja verdadeira, é necessário que sejam conhecidos todos os humanos homens do conjunto (universo) em questão.

Quadro 1.2 – Exemplo de argumento indutivo

Premissa	"Pedro é homem e mortal".
Premissa	"João é homem e mortal".
Premissa	"José é homem e mortal".
Conclusão	"Todos os homens são mortais".

As conclusões dos exemplos só se confirmam pelas premissas que as antecedem. Esse tipo de argumento é útil no estudo de probabilidades, mas não será trabalhado neste livro.

■ Argumento dedutivo

Um argumento dedutivo só tem validade quando suas premissas são verdadeiras e, por consequência, sua conclusão também. Observe o exposto no Quadro 1.3.

Quadro 1.3 – Exemplos de argumentos dedutivos

	Exemplo A	Exemplo B
Premissa	"Todo homem é mortal".	"Se $x > 0$, x é positivo".
Premissa	"José é homem".	"$x = 4$".
Conclusão	"Logo, José é mortal".	"Logo, 4 é positivo".

Esses argumentos são o objeto/foco de estudo deste livro.

■ Validade e solidez dos argumentos

Os termos *válido* e *inválido* não se aplicam aos argumentos indutivos, visto que eles são avaliados de acordo com a **maior ou menor possibilidade**

de que suas conclusões sejam estabelecidas. Assim, validade e solidez são características de argumentos dedutivos.

Considera-se um **argumento dedutivo válido**, ou simplesmente argumento válido, aquele em que, sendo todas as premissas verdadeiras, obrigatoriamente sua conclusão é verdadeira. Por exemplo:

"Todo humano é mortal.

Pedro é humano.

Logo, Pedro é mortal".

Entende-se por **argumento sólido** aquele em que as premissas são certamente verdadeiras na realidade. No caso anterior, o argumento é sólido, pois "Todo humano é mortal" e "José é humano", ou seja, são premissas realmente verdadeiras. No entanto, examine este outro exemplo:

"Todo verdureiro é bonito.

José é verdureiro.

Logo, José é bonito".

Nota-se que a premissa "Todo verdureiro é bonito" não é, necessariamente, sempre verdadeira. Desse modo, o primeiro exemplo é um argumento válido e sólido, enquanto o segundo é apenas válido.

[Síntese]

Neste capítulo introdutório, acompanhamos a história da lógica e reconhecemos as contribuições na área promovidas por vários estudiosos, de Platão a Zadeh, apontando especialmente dois de seus desdobramentos: a lógica clássica e a lógica simbólica. Nesse sentido, vimos também a diferenciação entre lógica dedutiva e lógica indutiva e os princípios da lógica simbólica, a saber: da identidade, da não contradição e do terceiro excluído. Por fim, tratamos de questões relacionadas à argumentação, como os tipos de argumentos e as noções de validade e solidez.

[Questões para revisão]

1. A lógica é definida pelo *Dicionário Aurélio* (2019) como "Coerência de raciocínio, de ideias. Modo de raciocinar peculiar a alguém, ou a um grupo. Sequência coerente, regular e necessária de acontecimentos, de coisas". Considerando essa citação e o conteúdo do capítulo, assinale a alternativa que indica corretamente como a lógica pode ser entendida:

   a. A ciência das coisas.

   b. Um conjunto de ideias complementares.

   c. A ciência do raciocínio.

   d. O pensamento humano em si.

   e. Uma disciplina formal aplicada à computação.

2. Assinale a alternativa que apresenta como a lógica dedutiva (formal) é dividida:

   a. Lógica clássica, lógicas complementares à clássica e lógicas não clássicas.

   b. Lógica epistêmica, lógica clássica e lógica *fuzzy*.

   c. Lógicas polivalentes, lógicas paraconsistentes e lógica clássica.

   d. Lógicas modais, lógica intuicionista e lógicas não aléticas.

   e. Lógicas complementares à clássica, lógicas probabilísticas e lógicas não reflexivas.

...fundamentos e aplicações_

3. A lógica formal (clássica) baseia-se em três princípios que validam todos os atos do pensamento e do raciocínio. Esses princípios também permitiram todo o desenvolvimento posterior da lógica formal (clássica). Assinale a alternativa que apresenta esses princípios:

a. Princípios da contradição, da identidade e do excluído.
b. Princípios da identidade, da não contradição e do terceiro excluído.
c. Princípios da negação, da conjunção e da implicação.
d. Princípios da implicação, da disjunção e da negação.
e. Princípios da conjunção, da identidade e da negação.

4. Considere a seguinte sequência de premissas e sua conclusão:

> Premissa: "A gestação faz com que todas as mulheres tenham enjoos".
>
> Premissa: "Patrícia é mulher".
>
> Premissa: "Patrícia está grávida".
>
> Conclusão: "Patrícia está com enjoos".

De acordo com os conceitos de validade e solidez da argumentação dedutiva, a conclusão pode ser classificada de que maneira?

5. O que são *fake news* e de que forma elas se relacionam com os conceitos de lógica contemporânea?

[Questão para reflexão]

1. As hipóteses, também conhecidas como *premissas*, são usualmente testadas cientificamente, de modo que os raciocínios elaborados a partir delas (argumentos) permitam não só a publicação de teses como também o avanço do conhecimento científico. Tendo isso em vista, elabore ao menos um argumento considerando as seguintes premissas:

   Premissa: "O uso de tecnologias digitais permite o ensino remoto".

   Premissa: "As escolas interromperam as aulas presencias durante a pandemia".

   Premissa: "Durante a pandemia de covid-19, adotou-se o modelo de ensino remoto".

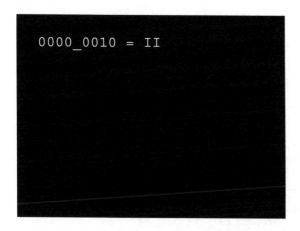

Conteúdos do capítulo:

– Proposições simples e compostas.
– Conceito de predicado.
– Conectivos lógicos e seus símbolos.
– Noções básicas de cálculo proposicional e predicativo.

Após o estudo deste capítulo, você será capaz de:

1. definir predicado;
2. diferenciar proposições simples e compostas;
3. reconhecer os símbolos associados aos conectivos lógicos;
4. assimilar os recursos simbólicos usados no cálculo proposicional.

proposições_e_predicados:_classificação,_linguagem_simbólica_e_cálculos

Neste capítulo, para possibilitar a compreensão de dois dos temas mais importantes deste livro, o cálculo proposicional e o cálculo predicativo, além de uma introdução a eles, apresentaremos os conceitos e tipos de proposições e predicados, bem como os elementos simbólicos relacionados ao assunto.

[Proposições]

Proposições (ou afirmações) são sentenças afirmativas às quais é possível atribuir valores-verdade. Nesse sentido, trata-se de um conjunto de símbolos (alfabeto, combinação de palavras, frase) que deve atender a duas condições básicas:

1. ter sentido completo;
2. ser apenas V (verdadeiro) ou F (falso), nunca ambos.

Categorizar as proposições, sobretudo estabelecer o que se entende por *proposição simples*, é o primeiro passo na construção de uma linguagem simbólica, mais adequada à formulação dos conceitos da lógica.

De modo geral, **proposição simples** é a declaração que exprime um pensamento com sentido completo (Pinho, 1999) e, por tal razão, não se nota a presença dos **conectivos lógicos**, os quais são listados a seguir:

_ não

_ e

_ ou

_ se... então

_ se, e somente se,

Por exemplo:

"2 + 2 = 4" é uma proposição V.

"2 + 2 = 3" é uma proposição F.

Por sua vez, a **proposição composta** contém duas ou mais sentenças relacionadas por conectivos lógicos. Por exemplo:

"2 + 2 = 4 e 2 + 2 = 3" é uma proposição composta (ou seja, tem dois argumentos).

"2 + 2 = 4" é um argumento V e "2 + 2 = 3" é um argumento F.

Nesse caso, os argumentos estão ligados pelo conectivo lógico **e**.

Contudo, como explicamos, o objetivo da lógica não é verificar se as proposições são verdadeiras ou falsas. Ao contrário, é analisar o relacionamento entre as proposições em decorrência de seus valores lógicos. Logo, o significado delas não interessa à lógica, e sim sua forma. Por isso, "A Lua é o satélite da Terra" pode ser tratado como "a proposição p" sem que se dominem necessariamente conhecimentos de astronomia para isso.

Nessa direção, com base nos três princípios da lógica descritos anteriormente, podemos afirmar:

- Toda proposição é necessariamente verdadeira ou falsa, não existindo outra possibilidade.
- Nenhuma proposição pode ser verdadeira e falsa ao mesmo tempo.
- Toda proposição verdadeira é sempre verdadeira, não podendo ser ora verdadeira, ora falsa.

[Predicados]

Muitas das ideias encontradas em argumentos podem ser expressas por meio de proposições que se referem a um objeto em particular, as quais são chamadas de *proposições singulares*. Por exemplo:

"Eu ganhei na loteria".

"Pedro atirou uma pedra no lago".

"Sócrates é um homem".

Existem outras proposições, no entanto, que fazem referência a conjuntos de objetos. É o caso de:

"Todos os humanos são mortais".

"Alguns astronautas foram à Lua".

"Nem todos os gatos caçam ratos".

Os termos *humanos*, *astronautas* e *gatos* são conceitos, não remetendo a nenhum humano, astronauta ou gato em particular, mas ao conjunto de propriedades que faz com que um objeto esteja em uma categoria ou em outra. Tais propriedades são denominadas *predicados*.

Como a lógica que se ocupa apenas das proposições singulares é mais simples do que a que lida com conjuntos de objetos e suas propriedades, os autores da área decidiram separar o estudo da lógica matemática em cálculo proposicional e cálculo de predicados.

[Introdução ao cálculo de proposições]

O cálculo proposicional consiste no estudo de proposições compostas, como a do caso adiante.

Exemplificando

"2 + 2 = 4 ou 2 + 2 = 5" resulta em V, pois:

"2 + 2 = 4" é uma proposição V (verdadeira)

ou

"2 + 2 = 5" é uma proposição F (falsa).

Assim, considerando-se as regras da operação (aprofundaremos esse tema nos próximos capítulos), o conectivo lógico **ou** (cálculo) entre as proposições culmina em V.

A lógica tem ainda uma função, chamada de *valor lógico*, que relaciona a cada proposição simples um de dois valores lógicos: verdadeiro (V) ou falso (F). Via de regra, esses valores são associados à proposição em conformidade com o significado desta no mundo real, embora isso não seja fundamental.

Os valores lógicos das proposições são representados como nos exemplos a seguir:

$$VL[p] = V \qquad VL[q] = V \qquad VL[r] = F \qquad VL[s] = F$$

Dessa maneira, um cálculo proposicional é um sistema elaborado com base em um conjunto de expressões sintáticas (fórmulas bem-formadas ou FBFS), um subconjunto diferente dessas expressões e um conjunto de regras formais. Isso define uma relação binária específica, entendida como a noção de equivalência lógica, no espaço das expressões.

Vale mencionar, neste momento, que um predicado é uma proposição quantificada quando as variáveis que o definem apresentam valores específicos, podendo assumir também um valor lógico V ou F. Nesse caso, o predicado torna-se uma proposição para aquele conjunto de valores estabelecidos para as variáveis do predicado. Por exemplo, "x + y = 2" é um predicado e depende-se dos valores de x e y para se saber se ele é V ou F. Se "x = 1" e "y = 1" (variáveis definidas), então "x + y = 2" torna-se uma proposição V.

■ Símbolos no cálculo proposicional

Diversas línguas, como o inglês e o francês, têm em comum o fato de símbolos constituírem seu alfabeto. Em linguagem simbólica, as proposições simples são representadas por letras latinas minúsculas, como p, q, r, s, denominadas *variáveis proposicionais*. Já as proposições compostas, ou fórmulas proposicionais, são simbolizadas por letras latinas maiúsculas, como A, B, C, P, Q, R, S, indicando as variáveis proposicionais que as compõem.

Veja as seguintes proposições simples:

p: "A Lua é o satélite da Terra".

q: "Pedro Álvares Cabral descobriu o Brasil".

r: "Dante escreveu *Os Lusíadas*".

s: "O Brasil é uma monarquia".

Agora, observe esta fórmula proposicional:

p: "A lua é quadrada".

q: "A neve é branca".

A(p, q): "Se a lua é quadrada, então a neve é branca".

A(p, q): "Se p, então q".

Na lógica simbólica, os conectivos lógicos são designados *operadores* e, como o nome evidencia, estão vinculados a diferentes operações.

O que é

Conceitua-se **operação** como a ação de combinar proposições por meio de conectivos lógicos. Cada operação concerne ao estabelecimento de determinada relação lógica entre as fórmulas.

Para esses operadores, usam-se símbolos específicos, apresentados no Quadro 2.1.

Quadro 2.1 – Operações, conectivos lógicos e seus símbolos

Operação	Conectivo	Símbolo
Negação	não	~
Conjunção	e	$\wedge$
Disjunção	ou	$\vee$
Implicação ou condicional	se… então	$\rightarrow$
Bi-implicação ou bicondicional	se, e somente se,	$\leftrightarrow$

É interessante tê-los bem definidos em mente para resolver questões e saber transpor a linguagem lógica para a linguagem comum.

Examinemos exemplos das operações citadas:

p: "A Lua é quadrada".

q: "A neve é branca".

"A Lua **não** é quadrada": ~p

"A Lua é quadrada **e** a neve é branca": $p \wedge q$ (conjunção)

"A Lua é quadrada **ou** a neve é branca": $p \vee q$ (disjunção)

"**Se** a Lua é quadrada, **então** a neve é branca": $p \rightarrow q$

"A Lua é quadrada **se, e somente se,** a neve é branca": $p \leftrightarrow q$

Notação

Os **parênteses** – **(   )** – são símbolos utilizados para denotar o "alcance" dos conectivos. Por exemplo:

"**Se** a Lua é quadrada e a neve é branca, **então** a Lua não é quadrada": $((p \wedge q) \to \sim p)$

Como se percebe, os parênteses alteram a ordem de precedência dos conectivos.

Tradução da linguagem natural para a linguagem simbólica

O procedimento inicial do cálculo proposicional envolve a tradução da linguagem natural para a linguagem dos símbolos (proposições lógicas), e vice-versa. Acompanhe um exemplo dessa tradução, com o uso das expressões **mas** e **nem** e de parênteses.

p: "Está quente".

q: "Tem sol".

"**Não** está quente, **mas** tem sol" equivale a "**Não** está quente **e** tem sol" – $(\sim p) \wedge q$ (*mas* equivale à $\wedge$).

"**Não** está quente **nem** ensolarado" equivale a "**Não** está quente e **não** está ensolarado" – $(\sim p) \wedge (\sim q)$.

Veja o caso das operações lógicas simbólicas com parênteses:

p: "A lua é quadrada".

q: "A neve é branca".

"**Se** a lua é quadrada **e** a neve é branca, **então** a lua **não** é quadrada": $(p \wedge q) \to (\sim p)$

"A lua **não** é quadrada **se, e somente se,** a neve é branca": $(\sim p) \leftrightarrow q$.

[Introdução ao cálculo de predicados]

O cálculo de predicados é uma extensão do cálculo proposicional. Para tratar dos objetos e suas propriedades, nele se recorre a dois conceitos matemáticos:

1. **Variável**: remete a um objeto genérico de uma categoria.
2. **Quantificadores**: são expressões (como *para todo* e *existe algum*) relativas à quantidade de objetos que partilham o mesmo predicado.

> **Exemplificando**
> Assim, a proposição "Todos os humanos são mortais" assume a forma "Para todo x, se x é um humano, então x é mortal". Por sua vez, as proposições "Alguns astronautas foram à Lua" e "Nem todos os gatos caçam ratos" assumem, respectivamente, as formas "Existe um x tal que x é um astronauta e x foi à Lua" e "Existe um x tal que x é um gato e x não caça ratos".

Quando as variáveis e os quantificadores se referem apenas aos objetos, o cálculo de predicados também é chamado de *lógica de primeira ordem*. Todavia, há uma situação na qual as variáveis e os quantificadores se referem também aos predicados. Considere o enunciado:

> "Existe um predicado que todas as pessoas têm".

Ele pode ser expresso por:

> "Existe um p tal que p é predicado e tal que, para todo x, se x é uma pessoa, x tem p".

Quando a situação anterior ocorre, trata-se da chamada *lógica de segunda ordem*. Um exemplo importante dessa lógica é o princípio de indução matemática, o qual estabelece: "se o número 1 tem um predicado, e o fato de n possuí-lo implica que $n + 1$ também o faça, então o predicado se aplica a todos os números naturais".

Os predicados de primeira ordem são, portanto, aqueles que se aplicam a indivíduos, ao passo que os de segunda ordem se aplicam a indivíduos e predicados de primeira ordem. A generalização pode prosseguir, considerando-se predicados de terceira ordem, de quarta ordem, e assim por diante, cada um deles devendo ser aplicado aos indivíduos e predicados das ordens antecedentes.

[Síntese]

Neste capítulo, discutimos tópicos como proposições quantificadas, variáveis, quantificadores e operações lógicas, que são os pilares para a compreensão das atividades desenvolvidas pelos mais diversos sistemas computacionais, desde os circuitos mais básicos de mudança de estado (os transistores) até os mais avançados algoritmos de *machine learning* e realidade virtual.

[Questões para revisão]

1. Assinale a alternativa que preenche o Quadro A, de cima para baixo, com os símbolos de cada conectivo:

Quadro A – Operações, conectivos lógicos e seus símbolos

Operação	Conectivo	Símbolo
Negação	não	
Conjunção	e	
Disjunção	ou	
Implicação ou condicional	se... então	
Bi-implicação ou bicondicional	se, e somente se,	

a. $\sim, \vee, \wedge, \rightarrow, \leftrightarrow$.

b. $\sim, \wedge, \vee, \rightarrow, \leftrightarrow$.

c. $\sim, \wedge, \vee, \leftrightarrow, \rightarrow$.

d. $\sim, \leftrightarrow, \rightarrow, \wedge, \vee$.

e. $\sim, \leftrightarrow, \wedge, \vee, \rightarrow$.

2. (Vunesp – 2014) Um dos princípios fundamentais da lógica é o da **não contradição**. Segundo este princípio, nenhuma proposição pode ser simultaneamente verdadeira e falsa sob o mesmo aspecto. Uma das razões da importância desse princípio é que ele permite realizar inferências e confrontar descrições diferentes do mesmo acontecimento sem o risco de se chegar a conclusões contraditórias. Assim sendo, o princípio da não contradição:

a. fornece pouco auxílio lógico para investigar a legitimidade de descrições.

b. permite conciliar descrições contraditórias entre si e relativizar conclusões.

c. exibe propriedades lógicas inapropriadas para produzir inferências válidas.

d. oferece suporte lógico para realizar inferências adequadas sobre descrições.

e. propicia a produção de argumentos inválidos e mutuamente contraditórios.

3. Observe atentamente as proposições a seguir e assinale a alternativa em que se usam o conectivo e o símbolo corretos:

p: "O céu é azul"

q: "As nuvens são brancas"

a. "O céu é azul e as nuvens são brancas": p ∨ q.

b. "Se o céu é azul, então a nuvem é branca": p → q.

c. "O céu é azul ou as nuvens são brancas": p ∧ q.

d. "O céu é azul se, e somente se, a nuvem é branca": p ← q.

e. "A nuvem não é branca": ∉ q.

4. Quais são os três princípios da lógica? Defina-os e exemplifique-os.

5. Traduza adequadamente as frases a seguir da linguagem natural para a linguagem simbólica considerando as proposições p, q, r e s:

> p: "O dia está nublado".
>
> q: "A previsão indicou que vai chover".
>
> r: "A cobra é um réptil".
>
> s: "Os répteis não controlam a temperatura corporal".

a. "O dia não está nublado nem a previsão indicou que vai chover".

b. "Se a cobra é um réptil e os répteis não controlam a temperatura corporal, então a cobra não é um réptil".

c. "Não está nublado, mas a previsão indicou que vai chover".

d. "A cobra é um réptil se, e somente se, os répteis não controlam a temperatura corporal".

[Questão para reflexão]

1. Analise a sentença a seguir e apresente seu posicionamento crítico sobre o assunto:

> A lógica tem obrigação de decidir se uma proposição é verdadeira ou falsa.

Conteúdos do capítulo:

- Operações lógicas.
- Fórmulas proposicionais.
- Ordem de precedência no cálculo proposicional (normal e com parênteses).

Após o estudo deste capítulo, você será capaz de:

1. realizar operações conforme a ordem de precedência adotada;
2. definir o valor lógico proposicional.

cálculo_
proposicional:_
operações_lógicas

Considerando os três princípios da lógica (identidade, contradição e terceiro excluído) e o alfabeto (símbolos da linguagem, variáveis proposicionais, conectivos lógicos e símbolos especiais) apresentados anteriormente, passaremos a tratar das operações lógicas sobre as proposições, a essência do cálculo proposicional.

[Operações e conectivos]

Em uma proposição composta, as várias proposições simples podem assumir os valores lógicos verdadeiro ou falso (V ou F). Uma vez estabelecida essa proposição, é necessário calcular seu valor final em função das diversas combinações possíveis para os valores das proposições simples (p, q, r etc.), o que também resultará em um valor lógico (V ou F). Portanto, é preciso conhecer o resultado das operações configuradas pelos conectivos lógicos, representados pelos seguintes símbolos: $\sim$, $\wedge$, $\vee$, $\rightarrow$, $\leftrightarrow$.

Em outras palavras, para determinar o valor lógico de uma proposição composta, devem-se definir as operações, isto é, dar o resultado da operação para cada possível conjunto de valores dos operandos.

Em lógica simbólica, conceitua-se *operação* como a ação de combinar proposições por meio de conectivos lógicos, que permitem a construção de proposições compostas (fórmulas atômicas) e, por conseguinte, argumentos mais complexos. Vejamos alguns exemplos desse tipo de proposição:

"Pedro é magro **e** João é alto".

"José foi ao cinema, Ronaldo foi ao parque **e** Murilo ficou em casa".

"Isabela foi ao mercado **ou** à padaria".

"Pedro saiu **e** Marcos ficou em casa".

"A Lua **não** é satélite da Terra".

"**Se** a chuva continuar a cair, **então** o rio vai transbordar".

"**Se** Pedro estudar, **então** será aprovado".

"Pedro será aprovado **se, e somente se,** estudar".

[Fórmulas proposicionais]

Toda proposição composta (fórmula atômica) é uma fórmula. Assim, se A e B são fórmulas, então (~A), (A ∧ B), (A ∨ B), (A → B) e (A ↔ B) também o são. Portanto, assim como as operações demonstradas há pouco, as fórmulas podem realizar operações lógicas entre si. Todos os símbolos proposicionais e de verdade são fórmulas.

Quadro 3.1 – Expressões associadas aos conectivos lógicos

Expressão regular	Conectivo lógico	Expressão lógica
Não A; É falso que A; A NÃO é verdade	Negação "~"	~A
e; mas; também; além disso	Conjunção "∧"	A ∧ B
ou	Disjunção "∨"	A ∨ B
Se A, então B; A implica em B; A, logo B; A só se B; B segue de A; basta A para B; A é uma condição suficiente para B	Implicação / condicional "→"	A → B
A se, e somente se, B; A é uma condição necessária e suficiente para B	Bi-implicação / bicondicional "↔"	A ↔ B

Fonte: Elaborado com base em Gersting, 2004.

Observe algumas operações sobre as fórmulas proposicionais:

‒   Negação: ~A~B

‒   Conjunção: A ∧ B

_ Disjunção: A ∨ B

_ Implicação: A → B

_ Bi-implicação: A ↔ B

É fundamental interpretar a fórmula corretamente, devendo-se identificar sua posição nas operações. Nos exemplos anteriores, A é o antecedente e B é o consequente.

> **Exemplificando**
> p: "Eu estudo".

q: "Sou aprovado".

A(p): "**Não** estudo" = ~p

A(p, q): "Estudo **e** sou aprovado" = p ∧ q

A(p, q): "Estudo **ou** sou aprovado" = p ∨ q

A(p, q): "**Se** estudo, **então** sou aprovado" = p → q

A(p, q): "Sou aprovado **se, e somente se,** estudo" = q ↔ p

[Ordem de precedência dos operadores lógicos]

Em proposições mais longas, o uso de muitos parênteses para definir a precedência das operações pode tornar sua análise mais complexa. Para resolver isso, basta estabelecer uma ordem de precedência dos conectivos lógicos, o que torna os parênteses dispensáveis.

Precedência:	1ª	2ª	3ª	4ª	5ª
Operador:	~	∧	∧	→	↔

...fundamentos e aplicações_

Percebe-se que os parênteses são inseridos apenas para alterar a ordem de precedência de avaliação dos operadores. Assim, na expressão p ∧ (q ∨ r), *ou* é avaliado antes de *e*.

> **Importante!**
> Para os operadores binários (∧, ∨, →, ↔), quando uma expressão contém vários operadores iguais, avalia-se da esquerda para a direita. Para o operador unário "~", quando há vários consecutivos, resolve-se da direita para a esquerda (de dentro para fora).

A fim de efetivar essa rotina, é preciso percorrer a proposição da esquerda para a direita e executar as operações na ordem em que aparecerem e nesta escala de prioridade:

1. operações de negação;
2. operações de conjunção e disjunção;
3. operações de implicação (condicionais);
4. operações de bi-implicação (bicondicionais).

Dessa forma, as operações da expressão p ∧ ~q → r ∨ s devem ser assim executadas:

$$p \wedge {\sim}q \rightarrow r \vee s$$

$$2 \quad 1 \quad\quad 4 \quad\quad 3$$

Um caso especial é o de negações consecutivas. Por exemplo, a proposição "É falso que eu não tenha saído" pode ser simbolizada por ~~p (em que *p* representa "eu tenha saído"). Nesse caso, a segunda negação deve ser executada antes. Quando for necessário modificar a ordem de precedência, empregam-se parênteses, como no exemplo a seguir.

Exemplificando

A proposição p ∧ q → r significa:

"**Se** Mário foi ao cinema **e** João foi ao teatro, **então** Marcelo ficou em casa".

A proposição p ∧ (q → r) significa:

"Mário foi ao cinema, **e**, **se** João foi ao teatro, **então** Marcelo ficou em casa".

A utilização dos conectivos ∧ e ∨ pode causar ambiguidade até mesmo em linguagem natural. Por exemplo, a expressão "Mário foi ao cinema **e** Marcelo ficou em casa **ou** Maria foi à praia", representada por p ∧ q ∨ s, não tem significado claro, podendo indicar:

_ "Mário foi ao cinema **e** Marcelo ficou em casa, **ou** então Maria foi à praia", o que é representado por (p ∧ q) ∨ s; ou

_ "Mário foi ao cinema **e** Marcelo ficou em casa **ou** Maria foi à praia", o que é representado por p ∧ (q ∨ s).

Trata-se claramente de afirmações distintas. Segundo a ordem de precedência da lógica, a expressão dada corresponde à primeira forma; contudo, para evitar incertezas, recorre-se aos parênteses. Por isso, como dito, as expressões simbólicas podem assumir aspectos ainda mais complexos. Por exemplo:

$$(p \leftrightarrow q \lor (\sim r \to s)) \land \sim t$$

[Algoritmo ordem de precedência com parênteses]

Com o fim de estabelecer a ordem de execução das operações com parênteses, utiliza-se o chamado *algoritmo ordem de precedência com parênteses*, cujo passo a passo abrange:

1. Percorrer a expressão até encontrar o primeiro);
2. Voltar até encontrar o (correspondente, delimitando, assim, um trecho da expressão sem parênteses;
3. Executar o algoritmo sobre a expressão delimitada;
4. Eliminar o par de parênteses encontrado;
5. Voltar à primeira ação.

Aplicado esse algoritmo, as operações da expressão apresentada ao final da seção anterior seriam executadas na seguinte ordem:

$$(p \leftrightarrow q \vee (\sim r \rightarrow s)) \wedge \sim t$$

$$4 \quad 3 \ 1 \ 2 \qquad 6 \ 5$$

> **Importante!**
>
> A definição da precedência entre operadores é convencionada. Por exemplo, alguns autores priorizam os operadores de implicação e bi-implicação ($\rightarrow$ e $\leftrightarrow$, respectivamente) antes dos de conjunção e disjunção ($\wedge$ e $\vee$, respectivamente). Também se convencionou que, quando os operadores são repetidos, resolve-se a expressão da esquerda para a direita (exceto para a negação).
>
> Por sua vez, em outras referências, entende-se que, quando há repetição do operador de implicação ($\rightarrow$) ou de bi-implicação ($\leftrightarrow$), resolve-se a expressão da direita para a esquerda. Assim, para essa última convenção, a expressão que aqui seria escrita como $p \rightarrow q \rightarrow r$ deveria assumir a forma $(p \rightarrow r) \rightarrow r$. Dessa maneira, uma expressão como essa pode ser avaliada igualmente nas duas convenções por meio do uso de parênteses para ajustar as precedências.
>
> Logo, ao consultarmos um livro sobre lógica ou utilizarmos uma calculadora proposicional (disponível na *web*), devemos verificar qual a precedência adotada, a fim de compatibilizar as proposições.

Cumpre recordar neste momento que uma proposição composta é formada por conexões de proposições simples, ou seja, é uma cadeia constituída pelos símbolos p, q, r etc. (representando proposições simples), por símbolos de conectivos e por parênteses. No entanto, nem toda cadeia formada por esses símbolos configura uma proposição composta. Por exemplo, AB $\leftrightarrow$) $\wedge \wedge \vee$ (C $\to$ não tem nenhum significado em lógica. Emerge, então, a problemática de como saber quando uma cadeia similar representa realmente uma proposição composta.

Importante!

Como explicamos, o procedimento inicial para o cálculo proposicional é a **tradução da linguagem natural para a simbólica**, e vice-versa, a qual considera a intervenção dos parênteses ou a precedência estabelecida para os operadores.

Exemplificando

Analise a seguinte proposição composta: "Se meu peso aumenta se, e somente se, não faço nem dieta nem exercícios, então vou para o trabalho a pé ou de bicicleta". Em seguida, determine as proposições simples e, com elas, monte a proposição simbólica correspondente à proposição inicial.

p: "Meu peso aumenta".

q: "Eu faço dieta".

r: "Eu faço exercícios".

s: "Eu vou para o trabalho a pé".

t: "Eu vou para o trabalho de bicicleta".

$$(p \leftrightarrow (\sim q \wedge \sim r)) \to (s \vee t)$$

[Síntese]

Neste capítulo, apresentamos outros conhecimentos sobre as operações lógicas (negação, conjunção, disjunção etc.), bem como as fórmulas correspondentes, e demonstramos os diferentes modos de estabelecer a ordem de precedência dessas operações na resolução de cálculos proposicionais.

[Questões para revisão]

1. Assinale a alternativa que indica a ordem de precedência no cálculo proposicional:

   a. $\sim, \wedge, \vee, \rightarrow, \leftrightarrow$.

   b. $\sim, \vee, \wedge, \rightarrow, \leftrightarrow$

   c. $\sim, \rightarrow, \leftrightarrow, \vee, \wedge$.

   d. $\sim, \vee, \rightarrow, \leftrightarrow, \wedge$.

   e. $\sim, \vee, \leftrightarrow, \rightarrow, \wedge$.

2. Considerando o conteúdo do capítulo, assinale a alternativa que traduz corretamente a sentença a seguir da linguagem natural para a simbólica:

   > p: "A lua é quadrada".
   >
   > q: "A neve é branca".
   >
   > "Se a lua é quadrada e a neve é branca, então a lua não é quadrada".

   a. $(p \wedge q) \rightarrow (\sim p)$.

   b. $(p \vee q) \leftrightarrow (\sim p)$.

   c. $(q \vee p) \rightarrow (\sim p)$.

   d. $(\sim p \vee q) \leftrightarrow q$.

   e. $(p \vee q) \leftrightarrow q$.

3. (Fundatec – 2020) Sejam as proposições p: "Maria é alta" e q: "Maria é gaúcha", a linguagem simbólica que expressa a proposição "Se Maria é alta, então é gaúcha" corresponde a:

    a. $p \vee q$
    b. $p \wedge q$
    c. $q \to p$
    d. $p \to q$
    e. $p \leftrightarrow q$

4. Quais são os cinco passos definidos pelo algoritmo de ordem de precedência com parênteses e por que ele é utilizado?

5. Os conectivos lógicos estabelecem classes de fórmulas proposicionais específicas, as quais dão origem às operações lógicas fundamentais do cálculo proposicional. Nesse sentido, complete as definições a seguir:

    a. O conectivo ~ dá origem ao operador _____.
    b. O conectivo $\wedge$ dá origem ao operador _____.
    c. O conectivo $\vee$ dá origem ao operador _____.
    d. O conectivo $\to$ dá origem ao operador _____.
    e. O conectivo $\leftrightarrow$ dá origem ao operador _____.

[Questão para reflexão]

1. De acordo com os conteúdos abordados neste capítulo, qual é a importância de se utilizar a ordem de precedência dos operadores lógicos?

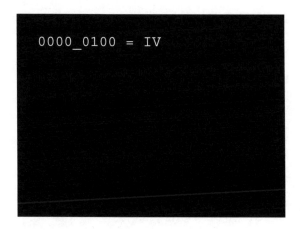

Conteúdos do capítulo:

- Definições e conceitos gerais de tabelas-verdade.
- Regras específicas para cada operação lógica.
- Construção de tabelas-verdade.

Após o estudo deste capítulo, você será capaz de:

1. compreender as regras específicas das operações lógicas de negação, conjunção, disjunção, implicação ou condicional, bi-implicação ou bi-condicional e OU exclusixo;
2. construir tabelas-verdade.

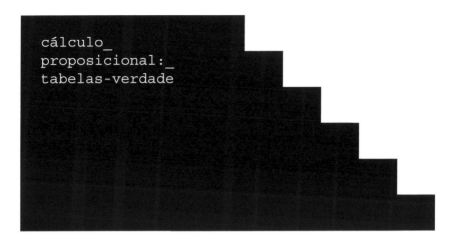

cálculo_proposicional:_tabelas-verdade

Neste capítulo, trataremos do conceito de tabela-verdade e das etapas necessárias para sua construção.

[Tabelas-verdade: aspectos gerais]

Dada uma expressão proposicional e considerando-se os valores lógicos das proposições simples que a constituem, é possível, com a aplicação da ordem de precedência, calcular o valor lógico dessa expressão.

O que é

O **valor lógico proposicional** é o termo utilizado para recuperar o valor lógico de uma proposição p, por meio da notação VL(p). Assim, se p for verdadeira, VL(p) = V; se for falsa, VL(p) = F.

Por vezes, busca-se reconhecer o conjunto de valores que a expressão pode assumir, para quaisquer valores lógicos das proposições componentes. Por exemplo, considere a expressão proposicional $p \lor q \rightarrow p \land q$. Nela existem apenas duas variáveis, p e q, e cada uma pode ser V ou F. Configuram-se, assim, quatro possibilidades:

1. p e q verdadeiras;
2. p verdadeira e q falsa;
3. p falsa e q verdadeira;
4. p e q falsas.

A construção de uma tabela-verdade permite confirmar esses valores. Cada linha da tabela corresponde a um provável conjunto deles. Visto que são dois os valores (verdadeiro ou falso), existem, para n componentes, 2^n combinações possíveis. Portanto, a tabela-verdade tem 2^n linhas, além do cabeçalho. A Tabela 4.1 ilustra essa configuração.

Tabela 4.1 – Exemplo de tabela-verdade

p	q	p, q
V	V	V ou F
V	F	V ou F
F	V	V ou F
F	F	V ou F

É possível observar que a tabela-verdade conta com dois tipos de colunas:

1. **colunas para as proposições componentes** (variáveis), nas quais são distribuídos os valores V e F de forma a contemplar cada possível combinação:
2. **colunas para as operações**, nas quais os valores V e F são obtidos pelas operações.

Assim, se a expressão tem n componentes e m operações, a tabela terá m + n colunas.

Para determinar unicamente a tabela-verdade, devem ser estabelecidas certas convenções para sua construção, descritas a seguir.

Para as colunas:

– Dispor as proposições componentes em ordem alfabética;
– Dispor as operações na ordem de precedência determinada pelo algoritmo ordem de precedência (com parênteses, se for o caso).

Para as linhas:

– Alternar V e F para a coluna do último componente;
– Alternar V V e F F para a coluna do penúltimo componente;
– Alternar V V V V e F F F F para a coluna do antepenúltimo componente;
– Prosseguir dessa forma se houver mais componentes, sempre dobrando o número de Vs e Fs para cada coluna à esquerda.

Com essas convenções, calculado o número de linhas e obedecida a ordem de precedência das operações, a tabela-verdade da proposição p ∨ q → p ∧ q corresponde ao que consta na Tabela 4.2.

Tabela 4.2 – Tabela-verdade da proposição p ∨ q → p ∧ q

p	q	p ∨ q	p ∧ q	p ∨ q → p ∧ q
V	V	V	V	V
V	F	V	F	F
F	V	V	F	F
F	F	F	F	V

Uma tabela como essa, em que são elencados todos os valores-verdade possíveis de uma proposição composta, para cada combinação de valores-verdade das proposições componentes, é chamada de *tabela-verdade da proposição composta*.

Por exemplo, considere a expressão proposicional:

$$(p \to q) \lor \sim((p \leftrightarrow r) \to \sim r)$$

A precedência das operações é dada por:

$$(p \to q) \lor \sim((p \leftrightarrow r) \to \sim r)$$
$$1 \quad \quad 6\,5 \quad \quad 2 \quad \quad 4\,3$$

Observe a Tabela 4.3.

Tabela 4.3 – Tabela-verdade da proposição $(p \to q) \lor \sim((p \leftrightarrow r) \to \sim r)$

	p	q	r	p → q (1)	p ↔ r (2)	~r (3)	(2) → (3) (4)	~(4) (5)	(p → q) ∨ ~((p ↔ r) → ~r) (6)
1	V	V	V	V	V	F	F	V	V
2	V	V	F	V	F	V	V	F	V
3	V	F	V	F	V	F	F	V	V
4	V	F	F	F	F	V	V	F	F
5	F	V	V	V	F	F	V	F	V
6	F	V	F	V	V	V	V	F	V
7	F	F	V	V	F	F	V	F	V
8	F	F	F	V	V	V	V	F	V

A atribuição de VLs aos componentes simples de uma proposição composta é chamada de *interpretação*. Assim, uma proposição com n componentes e 2^n combinações possíveis de n componentes simples distintos admitirá 2^n interpretações.

[Regras específicas das operações]

Na construção de tabelas-verdade, algumas regras específicas para cada operação lógica devem ser observadas.

■ Negação

A negação de uma proposição p corresponde à proposição representada por ~p (**não** p), cujo valor lógico é F quando p é V e V quando p é F.

> **Exemplificando**
>
> Seja a proposição p: "Pedro vai à festa".
>
> Se $VL(p) = V$, então $VL(\sim p) = F$, ou seja:
>
> ~p: "Pedro **não** vai à festa".

> **Importante!**
>
> Cumpre lembrar que a negação inverte o valor-verdade de uma expressão.
>
> Se p é V, a negação de p é F, ao passo que, se p é F, ~p é V.

A tabela-verdade da negação segue as normas definidas, em especial, por ser a única operação unária (uma função com somente uma variável); portanto, com (2^1) 2 linhas.

Tabela 4.4 – Tabela-verdade da negação

p	~p
V	F
F	V

■ Conjunção

A conjunção de duas proposições p e q consiste na proposição representada por p ∧ q (p **e** q), cujo valor lógico é V quando ambas as proposições são V e é F nos demais casos.

> **Exemplificando**
>
> Seja a proposição "Pedro **e** Isabela irão à festa".
>
> p: "Pedro irá à festa".
>
> q: "Isabela irá à festa".
>
> Essa proposição será V apenas quando Pedro e Isabela forem à festa, sendo F em qualquer outra situação (quando Pedro for e Isabela não for; ou Isabela não for e Pedro for; ou ambos não forem).

Se p e q são proposições, a expressão p ∧ q é chamada de *conjunção de p e q*, e as proposições p e q são denominadas *fatores da expressão*.

A tabela-verdade da operação conjunção segue as normas definidas e, como nas outras operações, é uma função com pelo menos duas variáveis; logo, com (2^2) 4 linhas.

Tabela 4.5 – Tabela-verdade da conjunção

p	q	p ∧ q
V	V	V
V	F	F
F	V	F
F	F	~F

■ Disjunção

A disjunção (inclusiva) de duas proposições p e q corresponde à proposição representada por p $\vee$ q (p **ou** q), cujo valor lógico é V quando pelo menos uma das proposições é V, sendo F apenas quando ambos os valores lógicos das proposições são F · (VL(p) = F, VL(q) = F).

> **Exemplificando**
> Seja a proposição "Pedro **ou** Isabela irão à festa".
> p: "Pedro irá à festa".
> q: "Isabela irá à festa".
> Essa proposição será V em qualquer situação em que Pedro ou Isabela forem à festa (quando Pedro for ou Isabela não for; ou Isabela não for e Pedro for; ou Pedro e Isabela forem), sendo F apenas quando ambos não forem.

Se p e q são proposições, a expressão p $\vee$ q é chamada de *disjunção de p e q*, e as proposições p e q são denominadas *parcelas da expressão*. Vale destacar que a tabela-verdade da operação disjunção segue as normas fixadas, como nas outras operações, também com (2^2) 4 linhas.

Tabela 4.6 – Tabela-verdade da disjunção

p	q	p $\wedge$ q
V	V	V
V	F	V
F	V	V
F	F	F

■ Implicação ou condicional

A implicação (ou condicional) de duas proposições p e q consiste na proposição representada por p $\rightarrow$ q (**se** p, **então** q), cujo valor lógico é

F apenas quando o valor lógico da proposição antecedente é V e o da consequente é F, sendo V em todos os demais.

> **Exemplificando**
>
> Seja a proposição "**Se** Pedro for à festa, **então** Isabela irá à festa".
> p: "Pedro irá à festa".
> q: "Isabela irá à festa".

Essa proposição será F apenas quando Pedro (antecedente) for à festa e Isabela (consequente) não for, sendo V em qualquer outra situação (quando Pedro for e Isabela for; Isabela for ou Pedro não for; Pedro não for e Isabela não for).

A tabela-verdade da operação implicação segue as normas definidas, como nas outras operações, também com (2^2) 4 linhas.

Tabela 4.7 – Tabela-verdade da implicação ou condicional

p	q	p → q
V	V	V
V	F	F
F	V	V
F	F	V

■ Bi-implicação ou bicondicional

A bi-implicação (ou bicondicional) de duas proposições *p* e *q* correspondem à proposição representada por p ↔ q (*p* **se, e somente se,** *q*), cujo valor lógico é V quando os valores lógicos das proposições são iguais e F quando são diferentes.

Exemplificando

Seja a proposição "Pedro irá à festa **se, e somente se,** Isabela for à festa".

p: "Pedro irá à festa".

q: "Isabela irá à festa".

Essa proposição será V sempre que ambos forem ou não forem à festa. Será F sempre que um for e o outro não for.

À semelhança das outras operações, a tabela-verdade da operação bi-implicação segue as normas definidas, também com (2^2) 4 linhas.

Tabela 4.8 – Tabela-verdade da bi-implicação ou bicondicional

p	q	p ↔ q
V	V	V
V	F	F
F	V	F
F	F	V

■ OU exclusivo

Cabe destacar que a operação *ou* pode comportar dois sentidos na linguagem habitual: inclusivo (disjunção), simbolizado por ∨, e exclusivo, simbolizado por $\underline{\vee}$. Quando representada por $p \underline{\vee} q$ (p **OU exclusivo** q), significa $((p \vee q) \wedge \sim(p \wedge q))$, cujo valor lógico é V quando os valores lógicos das proposições são diferentes e F quando são iguais.

Tal como as situações anteriores, a tabela-verdade da operação OU exclusivo segue as normas definidas, também com (2^2) 4 linhas.

Tabela 4.9 – Tabela-verdade do OU exclusivo

p	q	$((p \wedge q) \wedge \sim(p \wedge q))$			
V	V	V	**F**	F	V
V	F	V	**V**	V	F
F	V	V	**V**	V	F
F	F	F	**F**	V	F

[Construção de tabelas-verdade]

Nesta seção, demonstraremos a aplicação do cálculo proposicional, com a construção, passo a passo, de uma tabela-verdade para a análise da seguinte proposição:

$$p \to (q \wedge \sim p) \leftrightarrow \sim(p \vee q) \wedge (\sim p \vee q)$$

É preciso, evidentemente, seguir as convenções de construção de tabelas-verdade. A tabela-verdade tem 2^n linhas, além do cabeçalho. Nesse caso, como são duas variáveis, há (2^2) 4 linhas.

Para as colunas:

1. Dispor as proposições componentes em ordem alfabética;
2. Dispor as operações conforme determinado pelo algoritmo ordem de precedência (com parênteses, se for o caso).

Tabela 4.10 – Modelo de tabela-verdade para as colunas

	p	q	$p \to (q \wedge \sim p) \leftrightarrow \sim(p \vee q) \wedge (\sim p \vee q)$
			8 2 1 9 6 3 7 4 5
1			
2			
3			
4			

...fundamentos e aplicações_

Para as linhas:

1. Alternar V e F para a coluna do último componente;
2. Alternar V V e F F para a coluna do penúltimo componente;
3. Alternar V V V V e F F F F para a coluna do antepenúltimo componente;
4. Prosseguir dessa forma se houver mais componentes, sempre dobrando o número de Vs e Fs para cada coluna à esquerda.

Tabela 4.11 – Modelo de tabela-verdade para as linhas

	p	q	p → (q ∧ ~p) ↔ ~(p ∨ q) ∧ (~p ⊻ q)
			8 2 1 9 6 3 7 4 5
1	V	V	
2	V	F	
3	F	V	
4	F	F	

O próximo passo é aplicar as regras específicas das operações. Acompanhe as etapas indicadas a seguir.

– Operação 1 (~p)

Tabela 4.12 – Tabela-verdade da operação 1 (~p)

	p	q	p → (q ∧ ~p) ↔ ~(p ∨ q) ∧ (~p ⊻ q)
			8 2 1 9 6 3 7 4 5
1	V	V	F
2	V	F	F
3	F	V	V
4	F	F	V

– Operação 2 (q ∧ ~p)

Tabela 4.13 – Tabela-verdade da operação 2 (q ∧ ~p)

	p	q	p → (q ∧ ~p) ↔ ~(p ∨ q) ∧ (~p ⊻ q)
			8 2 1 9 6 3 7 4 5
1	V	V	F F
2	V	F	F F
3	F	V	V V
4	F	F	F V

_ Operação 3 (p ∨ q)

Tabela 4.14 – Tabela-verdade da operação 3 (p ∨ q)

	p	q	p → (q ∧ ~p) ↔ ~(p ∨ q) ∧ (~p ∨ q)
			8 2 1 9 6 3 7 4 5
1	V	V	F F V
2	V	F	F F V
3	F	V	V V V
4	F	F	F V F

_ Operação 4 (~p)

Tabela 4.15 – Tabela-verdade da operação 4 (~p)

	p	q	p → (q ∧ ~p) ↔ ~(p ∨ q) ∧ (~p ∨ q)
			8 2 1 9 6 3 7 4 5
1	V	V	F F V F
2	V	F	F F V F
3	F	V	V V V V
4	F	F	F V F V

_ Operação 5 (~p ∨ q)

Tabela 4.16 – Tabela-verdade da operação 5 (~p ∨ q)

	p	q	p → (q ∧ ~p) ↔ ~(p ∨ q) ∧ (~p ∨ q)
			8 2 1 9 6 3 7 4 5
1	V	V	F F V F V
2	V	F	F F V F F
3	F	V	V V V V F
4	F	F	F V F V V

...fundamentos e aplicações_

— Operação 6 ~(p v q)

Tabela 4.17 – Tabela-verdade da operação 6 ~(p v q)

	p	q	p →	(q ∧	~p)	↔	~(p	∨	q) ∧	(~p	⊻	q)
			8	2	1	9	6	3	7	4	5	
1	V	V		F	F		F	V		F	V	
2	V	F		F	F		F	V		F	F	
3	F	V		V	V		F	V		V	F	
4	F	F		F	V		V	F		V	V	

— Operação 7 ~(p ∨ q) ∧ (~p ∨ q)

Tabela 4.18 – Tabela-verdade da operação 7 ~(p ∨ q) ∧ (~p ∨ q)

	p	q	p →	(q ∧	~p)	↔	~(p	∨	q) ∧	(~p	⊻	q)
			8	2	1	9	6	3	7	4	5	
1	V	V		F	F		F	V	F	F	V	
2	V	F		F	F		F	V	F	F	F	
3	F	V		V	V		F	V	F	V	F	
4	F	F		F	V		V	F	V	V	V	

— Operação 8 p → (q ∧ ~p)

Tabela 4.19 – Tabela-verdade da operação 8 p → (q ∧ ~p)

	p	q	p →	(q ∧	~p)	↔	~(p	∨	q) ∧	(~p	⊻	q)
			8	2	1	9	6	3	7	4	5	
1	V	V	F	F	F		F	V	F	F	V	
2	V	F	F	F	F		F	V	F	F	F	
3	F	V	V	V	V		F	V	F	V	F	
4	F	F	V	F	V		V	F	V	V	V	

— Operação 9: final – conjunto-resposta p → (q ∧ ~p) ↔ ~(p ∨ q) ∧ (~p ∨ q)

Tabela 4.20 – Tabela-verdade do conjunto-resposta da operação 9

	p	q	p	→	(q	∧	~p)	↔	~(p	∨	q)	∧	(~p	∨	q)
				8		2	1		9	6	3		7	4	5
1	V	V		F		F	F	**V**	F		V		F	F	V
2	V	F		F		F	F	**V**	F		V		F	F	F
3	F	V		V		V	V	**F**	F		V		F	V	F
4	F	F		V		F	V	**V**	V		F		V	V	V

[Síntese]

Neste capítulo, definimos as tabelas-verdade e as regras específicas de cada operação – negação, conjunção, disjunção, implicação ou condicional, bi-implicação ou bicondicional e OU exclusivo – para sua construção. Também tratamos do valor lógico proposicional e explicamos, passa a passo, como ocorre a construção de tabelas-verdade.

[Questões para revisão]

1. Analise as afirmativas a seguir sobre a operação de negação:

   I. Mantém o valor-verdade de uma expressão. Se p é V, a negação de p também o é, ao passo que, se p é F, ~p é F.

   II. Inverte o valor-verdade de uma expressão. Se p é V, sua negação é F, ao passo que, se p é F, ~p é V.

   III. Altera o símbolo da operação de uma expressão. Se p é V, sua negação é V, e o símbolo da variável muda de p para q.

   Agora, marque a alternativa que apresenta a resposta correta:

   a. Estão corretas as afirmativas I e II.

b. Estão corretas as afirmativas I e III.

c. Apenas a afirmativa I está correta.

d. Apenas a afirmativa II está correta.

e. Apenas a afirmativa III está correta.

2. Assinale a alternativa que indica o conjunto-resposta da operação conjunção $(p \wedge q)$:

a. F, F, V, V.

b. V, F, F, F.

c. V, V, V, F.

d. V, V, F, F.

e. V, V, F, V.

3. Com base no conteúdo apresentado neste capítulo, elabore a tabela-verdade da proposição $(p \rightarrow q) \vee \sim((p \leftrightarrow r) \rightarrow \sim r)$, considerando que a precedência das operações é a seguinte:

$$(p \rightarrow q) \vee \sim((p \leftrightarrow r) \rightarrow \sim r)$$
$$1 \quad\quad 6\,5 \quad\quad 2 \quad\quad 4\,3$$

4. (Cesgranrio – 2011) Ao analisar a documentação de um sistema de informação, um programador observa uma tabela-verdade T formada pelas proposições P, Q, R, X e Y. Qual o número de linhas de T?

a. 5

b. 11

c. 20

d. 32

e. 50

5. De acordo com o conteúdo abordado neste capítulo, defina o que é uma tabela-verdade e mencione os principais passos para sua montagem e resolução.

[Questão para reflexão]

1. A tabela-verdade é um tema muito recorrente em processos seletivos e provas de concursos públicos, motivo pelo qual muitos candidatos optam por decorar seus tipos e configurações. Com base nesse contexto, aponte seu posicionamento sobre a eficácia dessa prática.

`0000_0101 = V`

Conteúdos do capítulo:

_ Interpretação de uma fórmula: tautologia, contradição e contingência.
_ Fórmulas proposicionais especiais: propriedades semânticas.
_ Relações entre as propriedades semânticas.
_ Validade e invalidade.

Após o estudo deste capítulo, você será capaz de:

1. interpretar as fórmulas proposicionais;
2. identificar e relacionar as propriedades semânticas;
3. conceituar satisfazibilidade e falseabilidade;
4. comprovar a validade e/ou a invalidade de proposições.

fórmulas_proposicionais_especiais:_proposições_compostas

Neste capítulo, trataremos das fórmulas proposicionais especiais, das propriedades semânticas básicas da lógica proposicional (tautologia, contradição e contingência) e de suas relações. Essas propriedades, às quais se chega com a definição de termos e símbolos que compõem a lógica proposicional e o cálculo de sentenças, simplificam ainda mais a resolução de complexos cálculos proposicionais.

[Interpretação de uma fórmula]

A interpretação de uma fórmula é o valor lógico resultante de seu cálculo, considerando-se um conjunto de valores lógicos para as proposições constituintes. Assim, se a fórmula é representada por P, sua interpretação é dada por I[P].

Seja a fórmula A(p, q, r) : $p \wedge q \vee r$.

Em que:

A = letra maiúscula que representa a fórmula;

A(p, q, r) = variáveis da fórmula (nesse caso, p, q, r);

$p \wedge q \vee r$ = fórmula ou proposição composta.

São possíveis $2^3 = 8$ interpretações para ela:

$$I\left[A(V, V, V)\right] = V$$

$$I\left[A(V, V, F)\right] = V$$

$$I\big[A(V,F,V)\big] = V$$

$$I\big[A(V,F,F)\big] = F$$

$$I\big[A(F,V,V)\big] = V$$

$$I\big[A(F,V,F)\big] = F$$

$$I\big[A(F,F,V)\big] = V$$

$$I\big[A(F,F,F)\big] = F$$

Os valores da interpretação da fórmula são obtidos pela construção da tabela-verdade.

Tabela 5.1 – Tabela-verdade da proposição p ∧ q ∨ r

p	q	r	p ∧ q ∨ r	
V	V	V	V	**V**
V	V	F	V	**V**
V	F	V	F	**V**
V	F	F	F	**F**
F	V	V	F	**V**
F	V	F	F	**F**
F	F	V	F	**V**
F	F	F	F	**F**

[Tautologia]

Entende-se por *tautologia* toda proposição composta cujo conjunto-resposta da tabela-verdade é formado em sua totalidade por V (verdadeiro). Em outras palavras, é toda proposição composta $P(p, q, r, \ldots)$ de valor lógico sempre V, quaisquer que sejam os valores lógicos das proposições simples componentes (variáveis) p, q, r etc.

Assim, uma fórmula proposicional A é uma tautologia (proposição tautológica/proposição logicamente verdadeira) se, e somente se, o único valor lógico resultante de sua interpretação é V, independentemente dos valores lógicos dos componentes da fórmula. Para toda interpretação, I[A] = V.

É imediata a dedução de que as proposições $p \rightarrow p$ e $p \leftrightarrow p$ são tautológicas (princípio de identidade para as proposições). Por exemplo, a proposição $\sim(p \wedge \sim p)$ (princípio da não contradição) é igualmente tautológica, como se nota em sua tabela-verdade.

Tabela 5.2 – Tabela-verdade da proposição $\sim(p \wedge \sim p)$

p	~p	p ∧ ~p	~(p ∧ ~p)
V	F	F	V
F	V	F	V

Portanto, dizer que uma proposição não pode ser simultaneamente verdadeira e falsa é sempre uma afirmação verdadeira.

Exemplificando

A proposição $p \vee \sim p$ (princípio do terceiro excluído) é uma tautologia, como comprovado na tabela-verdade.

Tabela 5.3 – Tabela-verdade da proposição $p \vee \sim p$

p	~p	p v ~p
V	F	V
F	V	V

A proposição $P(p, q) : p \wedge q \vee \sim p \vee \sim q$ também é uma tautologia, pois I[P] = V sempre.

Tabela 5.4 – Tabela-verdade da proposição p ∧ q ∨ ~p ∨ ~q

p	q	p ∧ q ∨ ~p ∨ ~q
V	V	V V F **V** F
V	F	F F F **V** V
F	V	F V V **V** F
F	F	F V V **V** V

Nessa direção, uma fórmula A é satisfazível se, e somente se, os valores de seu conjunto-resposta são V. Logo, a tautologia também é satisfazível.

[Contradição]

Contradição é toda proposição composta cujo conjunto-resposta da tabela-verdade é formado em sua totalidade por F (falso). Portanto, é toda proposição composta $P(p, q, r, ...)$ cujo valor lógico é sempre F, quaisquer que sejam os valores lógicos das proposições simples componentes (variáveis) p, q, r etc.

Desse modo, uma fórmula proposicional A é uma contradição (proposição contraválida/proposição logicamente falsa) se, e somente se, o único valor lógico resultante de sua interpretação é F, independentemente dos valores lógicos dos componentes da fórmula. Para toda interpretação, I[A] = F.

Como a tautologia é sempre V, a negação desta é sempre F, ou seja, é uma contradição, e vice-versa. Logo, dizer que uma proposição pode ser simultaneamente verdadeira e falsa é sempre uma afirmação falsa.

Exemplificando

A proposição p ∧ ~p é uma contradição, como se nota em sua tabela-verdade.

Tabela 5.5 – Tabela-verdade da proposição p ∧ ~p

p	~p	p ∧ ~p
V	F	F
F	V	F

A proposição P (p, q) : (p → q) ∧ p ∧ ~q é uma contradição, pois I[P] = F, como comprovado na tabela-verdade.

Tabela 5.6 – Tabela-verdade da proposição (p → q) ∧ p ∧ ~q

p	q	(p → q) ∧ p ∧ ~q
V	V	V V F F
V	F	F F F V
F	V	V F F F
F	F	V F F V

Uma fórmula A é insatisfazível ou falsificável se, e somente se, os valores de seu conjunto-resposta são F. Logo, a contradição também é falsificável.

[Contingência]

Concluindo a explanação sobre as propriedades semânticas básicas da lógica proposicional, temos que uma fórmula A é uma contingência se, e somente se, os valores de seu conjunto-resposta diferem entre si. Dito de outro modo, é toda proposição composta $P(p, q, r, ...)$ cujo valor lógico alterna entre V e F, quaisquer que sejam os valores lógicos das proposições simples componentes (variáveis) p, q, r etc.

Uma fórmula proposicional A é uma contingência (proposição contingente/indeterminação) se, e somente se, entre os valores lógicos resultantes de sua interpretação existe pelo menos um F e/ou um V. Há pelo menos uma I[A] = V e uma I[A] = F.

Simplificando, podemos afirmar que contingência é toda proposição composta cujo conjunto-resposta não é uma tautologia e não é uma contradição.

Exemplificando

A proposição P (p, q) : (p → q) ∧ q ∨ p é uma contingência, como comprova sua tabela-verdade.

Tabela 5.7 – Tabela-verdade da proposição (p → q) ∧ q ∨ p

p	q	(p → q) ∧ ~q ∨ p
V	V	V F F **V**
V	F	F F V **V**
F	V	V F F **F**
F	F	V V V **V**

[Fórmulas proposicionais especiais: propriedades semânticas]

A semântica é o estudo da relação entre as expressões e o que elas representam. Na lógica proposicional, a atribuição de valores lógicos (V ou F) está associada a fórmulas proposicionais, que podem ter significados na análise lógica. Nesse sentido, as fórmulas especiais descritas na sequência constituem também propriedades semânticas em relação a uma fórmula proposicional $P = P(p1, p2, ..., pn)$.

Resumindo conceitos importantes

- **Tautologia**: qualquer interpretação da fórmula proposicional é verdadeira, sendo I[P] = V para qualquer combinação de valores lógicos de $(p1, p2, ..., pn)$. Trata-se de uma fórmula válida.

- **Contradição**: qualquer interpretação da fórmula proposicional é falsa, sendo I[P] = F para qualquer combinação de valores lógicos de $(p1, p2, ..., pn)$. Não é uma fórmula válida.

- **Contingência**: há interpretações verdadeiras e falsas da fórmula proposicional, sendo I[P] = V para algumas combinações de valores lógicos de $(p1, p2, ..., pn)$ e I[P] = F para outras. Não é uma fórmula válida.

_ **Satisfazibilidade**: uma fórmula proposicional é satisfazível (ou satisfatível/consistente) se existe ao menos uma interpretação que seja V, isto é, $I[P] = V$ para ao menos uma combinação de valores lógicos de $(p1, p2, ..., pn)$. Consequentemente, uma fórmula proposicional é insatisfazível quando qualquer interpretação é falsa, $I[P] = F$. Se uma fórmula é satisfazível em qualquer interpretação, então ela é uma tautologia.

_ **Falseabilidade**: uma fórmula proposicional é falsificável (insatisfazível ou insatisfatível/inconsistente) se existe ao menos uma interpretação F, ou seja, $I[P] = F$ para ao menos uma combinação de valores lógicos de $(p1, p2, ..., pn)$. Se uma fórmula é insatisfazível em qualquer interpretação, então ela é uma contradição.

[Relações entre as propriedades semânticas]

As propriedades semânticas estabelecem as seguintes relações entre si:

_ Toda fórmula válida (tautologia) é satisfazível.
_ Toda fórmula contraditória (insatisfazível) é falsificável.
_ Uma fórmula não pode ser satisfazível e contraditória.
_ Uma fórmula não pode ser uma tautologia e falsificável.
_ Se A é uma tautologia, então ~A é contraditória, e vice-versa.
_ Se A é satisfazível, então ~A falsificável, e vice-versa.

Ademais, há fórmulas que são tanto satisfazíveis quanto falsificáveis; são contingências ou fórmulas indeterminadas.

Como a classificação de fórmulas extensas não é um processo trivial, um dos grandes desafios da computação é encontrar métodos (algoritmos) eficientes para decidir se uma fórmula é satisfazível – falsificável ou uma contradição – tautologia.

[Validade e invalidade]

Os métodos de dedução apresentados são capazes de comprovar a validade de um argumento por meio do cálculo proposicional, que, considerando-se as premissas, produz uma série de conclusões parciais até chegar à conclusão final do argumento. Esse processo, entretanto, não serve para provar a invalidade dele. De fato, se durante o processo de dedução não se chega à conclusão, não é possível inferir que esta é inviável. Portanto, faz-se necessário outro método.

Um argumento é, na verdade, uma operação de condicionamento. Se ele é válido, essa condicional é tautológica, isto é, é verdadeira para qualquer combinação possível de valores lógicos das proposições que constituem o argumento. Se, no entanto, existe pelo menos uma combinação de valores lógicos das proposições que torna a condicional falsa, o argumento é inválido. Assim, o requisito para uma condicional ser falsa é que o antecedente seja verdadeiro e o consequente seja falso.

Contudo, em um argumento, o antecedente é uma conjunção de premissas, e o consequente, a conclusão. Então, para que o antecedente seja verdadeiro, é preciso que todas as premissas também o sejam. Para que o consequente seja falso, a conclusão também deve sê-lo.

Desse modo, com o propósito de demonstrar a invalidade de um argumento, é suficiente encontrar uma combinação de valores lógicos para as proposições simples envolvidas, de forma a tornar cada premissa verdadeira e a conclusão falsa. Considere o seguinte argumento:

"Se Pedro comprar ações e o mercado baixar, ele perderá seu dinheiro".

"O mercado não vai baixar".

"Logo, Pedro deve comprar ações ou perderá seu dinheiro".

Para que a especificação seja válida (consistente), deve ser satisfazível em alguma interpretação. Vejamos as seguintes proposições simples (variáveis):

p: "Pedro comprar ações".

q: "O mercado baixar".

r: "Pedro perder dinheiro".

Considerando-se a especificação anterior, simbolicamente, o argumento fica representado por:

"Se Pedro comprar ações e o mercado baixar, ele perderá seu dinheiro" = $p \wedge q \to r$

"O mercado não vai baixar" = $\sim q$

"Logo, Pedro deve comprar ações ou perderá seu dinheiro" = $\vdash p \vee r$

Notação

O símbolo $\vdash$ representa a implicação lógica $\Rightarrow$.

A proposição correspondente a essa especificação é:

$$p \wedge q \wedge r \to \sim q \vdash p \vee r$$

A seguir, veja sua tabela-verdade.

Tabela 5.8 – Tabela-verdade da proposição p ∧ q → r ∧ ~q ⊢ p ∨ r

p	q	r	p ∧ q → r		∧	~q	⇒	(p ∨ r)
V	V	V	V	V	F	F	**V**	V
V	V	F	V	F	F	F	**V**	V
V	F	V	F	V	V	V	**V**	V
V	F	F	F	V	V	V	**V**	V
F	V	V	F	V	F	F	**V**	V
F	V	F	F	V	F	F	**V**	F
F	F	V	F	V	V	V	**V**	V
F	F	F	F	V	V	V	**F**	F

Quando $VL(p) = V$ e $VL(q) = F$ e $VL(r) = V$, temos:

"Se Pedro comprar ações e o mercado baixar, ele perderá seu dinheiro".

$p \wedge q = F \rightarrow V = \mathbf{V}$

"O mercado não vai baixar".

$\sim q = \sim F = V$

"Logo, Pedro deve comprar ações ou perderá seu dinheiro".

$\vdash p \vee r$

$p \vee r = V = V$

Portanto, todas as frases formam proposições V, de forma que não há contradição entre elas. Assim, essa especificação é dita *consistente*.

Agora, considere o argumento:

"Ou estudo ou trabalho ou vou à praia".

"Se estudo, sou aprovado".

"Não trabalho".

"Logo, sou aprovado".

Para que a especificação seja válida (consistente), deve ser satisfazível em alguma interpretação.

Sejam as proposições simples:

p: "Estudo".

q: "Trabalho".

r: "Vou à praia".

s: "Sou aprovado".

Considerando-se a especificação anterior, simbolicamente, o argumento fica representado por:

"Estudo ou trabalho ou vou à praia" = $p \lor q \lor r$

"Se estudo, sou aprovado" = $p \rightarrow s$

"Não trabalho" = $\sim q$

"Logo, sou aprovado" = $\vdash s$

Portanto, a proposição correspondente a essa especificação é:

$$p \lor q \lor r \land p \rightarrow s \land \sim q \vdash s$$

A tabela-verdade a seguir ilustra tal proposição.

Tabela 5.9 – Tabela-verdade da proposição $p \wedge q \vee r \wedge p \rightarrow s \wedge \sim q \vdash s$

p	q	r	s	p $\vee$ q $\vee$ r		$\wedge$	p $\rightarrow$ s	$\wedge$	$\sim$q	$\Rightarrow$	s
V	V	V	V	V	V	V	V	F	F	**V**	V
V	V	V	F	V	V	F	F	F	F	**V**	F
V	V	F	V	V	V	V	V	F	F	**V**	V
V	V	F	F	V	V	F	F	F	F	**V**	F
V	F	V	V	V	V	V	V	V	V	**V**	V
V	F	V	F	V	V	F	F	F	V	**V**	F
V	F	F	V	V	V	V	V	V	V	**V**	V
V	F	F	F	V	V	F	F	F	V	**V**	F
F	V	V	V	V	V	V	V	F	F	**V**	V
F	V	V	F	V	V	V	V	F	F	**V**	F
F	V	F	V	V	V	V	V	F	F	**V**	V
F	V	F	F	V	V	V	V	F	F	**V**	F
F	F	V	V	F	V	V	V	V	V	**V**	V
F	F	V	F	F	V	V	V	V	V	**F**	F
F	F	F	V	F	F	F	V	F	V	**V**	V
F	F	F	F	F	F	F	V	F	V	**V**	F

Quando $VL(p) = F$ e $VL(q) = F$ e $VL(r) = V$ e $VL(s) = F$, temos:

"Estudo ou trabalho ou vou à praia" $= p \vee q \vee r$

$p \vee q \vee r = F \vee V = V$

"Se estudo, sou aprovado" $= p \rightarrow s$

$p \rightarrow s = F \rightarrow F = V$

"Não trabalho" $= \sim q$

$\sim q = \sim F = V$

"Logo, sou aprovado" $= \vdash s$

$s = F = F$

Note que, na linha destacada, há uma combinação de valores que satisfazem a condição de invalidade. O argumento é, por isso, inválido.

Se não for possível atribuir valores-verdade aos enunciados simples dos componentes do argumento, de modo que suas premissas se tornem verdadeiras e sua conclusão falsa, então o argumento será válido.

Observe o exemplo da seguinte especificação:

"Uma mensagem é armazenada no *buffer* ou é transmitida para um *site* vizinho".

"Uma mensagem não é armazenada no *buffer*".

"Se a mensagem é armazenada no *buffer*, então é transmitida para um *site* vizinho".

Para que a especificação seja consistente, deve ser satisfazível em alguma interpretação.

Sejam as proposições simples:

p: "Uma mensagem é armazenada no *buffer*".

q: "Uma mensagem é transmitida para um *site* vizinho".

Considerando-se a especificação anterior, temos:

"Uma mensagem é armazenada no *buffer* ou é transmitida para um *site* vizinho" = $p \lor q$

"Uma mensagem não é armazenada no *buffer*" = $\sim p$

"Se a mensagem é armazenada no *buffer*, então é transmitida para um *site* vizinho" = $p \rightarrow q$

Portanto, a proposição correspondente a essa especificação é:

$$(p \lor q) \land \sim p \land (p \rightarrow q)$$

A seguir, veja sua tabela-verdade.

Tabela 5.10 – Tabela-verdade da proposição $(p \lor q) \land \sim p \land (p \rightarrow q)$

p	q	$(p \lor q)$	$\land$	$\sim p$	$\land$	$(p \rightarrow q)$
V	V	V	F	F	**F**	V
V	F	V	F	F	**F**	F
F	V	V	V	V	**V**	V
F	F	F	F	V	**F**	V

Quando $VL(p) = F$ e $VL(q) = V$, temos:

"Uma mensagem não é armazenada no *buffer* ou é transmitida para um *site* vizinho".

$p \lor q = F \lor V = V$

"Uma mensagem é armazenada no *buffer*".

$\sim p = \sim F = V$

"Se a mensagem não é armazenada no *buffer*, então é transmitida para um *site* vizinho".

$p \rightarrow q = F \rightarrow V = V$

Logo, todas as frases formam proposições V, de forma que não há contradição entre elas. Assim, essa especificação é consistente.

Por exemplo, se a proposição "Uma mensagem não é transmitida para um *site* vizinho" fosse adicionada ao exemplo anterior, ela continuaria consistente?

"Uma mensagem não é transmitida para um *site* vizinho". $\sim q$

Portanto, a proposição correspondente a essa especificação é:

$$(p \vee q) \wedge {\sim} p \wedge (p \rightarrow q) \wedge {\sim} q$$

Sua tabela-verdade pode ser vista a seguir.

Tabela 5.11 – Tabela-verdade da proposição (p ∨ q) ∧ ~p ∧ (p → q) ∧ ~q

p	q	(p ∨ q)	∧	~p	∧	(p → q)	∧	~q
V	V	V	F	F	F	V	F	F
V	F	V	F	F	F	F	F	V
F	V	V	V	V	V	V	F	F
F	F	F	F	V	F	V	F	V

É possível concluir que não são formadas proposições V em nenhuma das frases, razão pela qual não há tautologia entre elas. Assim, essa especificação é inconsistente.

Em suma, na dedução de um argumento, ele é considerado **válido** quando:

_ o conjunto de premissas é contraditório;

_ a conclusão é uma tautologia;

_ a conclusão pode ser deduzida das premissas.

Já um argumento é **inválido** quando existe pelo menos um conjunto de valores para as proposições simples que torna as premissas verdadeiras e a conclusão falsa.

Portanto, para provar a validade ou a invalidade de um argumento, deve-se chegar a uma das conclusões anteriores.

[Síntese]

Neste capítulo, apresentamos as fórmulas proposicionais especiais – as proposições compostas – e complementamos as definições de cálculo proposicional, tornando-o mais preciso nas respostas utilizando a interpretação de fórmulas – tautologia, contradição e contingência. Também descrevemos as propriedades semânticas das fórmulas proposicionais especiais, indicando as relações entre as propriedades semânticas, e abordamos os conceitos de validade e invalidade das proposições (fórmulas proposicionais), destacando as regras e as tabelas-verdade correspondentes.

[Questões para revisão]

1. Analise as afirmativas a seguir sobre a tautologia:

   I. Tautologia é toda proposição composta P(p, q, r, ...) cujo valor lógico é sempre V, quaisquer que sejam os valores lógicos das proposições simples componentes (variáveis) p, q, r etc.

   II. Na tautologia, verifica-se pelo menos uma I[A] = V e ao menos uma I[A] = F.

   III. Uma fórmula A é satisfazível se, e somente se, os valores de seu conjunto-resposta são V. Portanto, a tautologia também é satisfazível.

   Agora, marque a alternativa correta:

   a. Todas as afirmativas estão corretas
   b. Estão corretas as afirmativas I e III.
   c. Estão corretas as afirmativas II e III.
   d. Apenas a afirmativa I está correta.
   e. Apenas a afirmativa II está correta.

2. Analise as afirmativas a seguir sobre a contingência e marque V para as verdadeiras e F para as falsas:

   ( ) Contingência é toda proposição composta cujo conjunto-resposta não configura tautologia nem contradição.

( ) Qualquer interpretação da fórmula proposicional é verdadeira, sendo $I[P] = V$ para qualquer combinação de valores lógicos de $(p1, p2, ..., pn)$. Trata-se de uma fórmula válida.

( ) Na contingência, verifica-se pelo menos uma $I[A] = V$ e uma $I[A] = F$.

Agora, assinale a alternativa que apresenta sequência correta:

a. V, V, V.

b. V, F, V.

c. V, F, F.

d. F, V, F.

e. F, F, F.

3. Crie a tabela-verdade da proposição $P(p, q, r) = (p \rightarrow \sim q)$ $\leftrightarrow \left((\sim p \vee r) \wedge \sim q \right)$ e identifique sua propriedade semântica.

4. Analise as afirmativas a seguir sobre a contradição:

I. Contradição é toda proposição composta $P(p, q, r, ...)$ cujo valor lógico é sempre F, quaisquer que sejam os valores lógicos das proposições simples componentes (variáveis) p, q, r etc.

II. Uma fórmula proposicional A é uma contradição (proposição contraválida/proposição logicamente falsa) se, e somente se, o único valor lógico resultante de sua interpretação é F, independentemente dos valores lógicos dos componentes da fórmula. Para toda interpretação, $I[A] = F$.

III. Uma fórmula A é satisfazível se, e somente se, os valores de seu conjunto-resposta são V. Portanto, a contradição também é satisfazível.

Agora, marque a alternativa correta:

a. Todas as afirmativas estão corretas.
b. Estão corretas as afirmativas I e II.
c. Estão corretas as afirmativas II e III.
d. Apenas a afirmativa II está correta.
e. Apenas a afirmativa III está correta.

5. Quais são as propriedades semânticas básicas que relacionam os conceitos de tautologia, contradição, contingência, satisfazibilidade e falseabilidade?

[Questão para reflexão]

1. Quais são as condições necessárias para que um argumento seja considerado válido ou inválido?

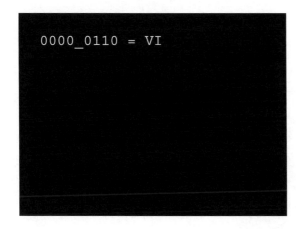

```
0000_0110 = VI
```

Conteúdos do capítulo:

_ Relação de implicação lógica.
_ Relação de equivalência lógica.

Após o estudo deste capítulo, você será capaz de:

1. diferenciar operação e relação de implicação e equivalência lógicas;
2. descrever as propriedades imediatas das implicações e equivalências lógicas;
3. utilizar as implicações e equivalências lógicas notáveis;
4. interpretar as proposições associadas a uma condicional.

relações_de_implicação_e_equivalência_lógicas

Neste capítulo, trataremos das relações de implicação e equivalência lógicas, a começar pela distinção entre operação e relação, tomando por base as definições de termos e símbolos da lógica proposicional, assim como as propriedades semânticas abordadas anteriormente.

[Relação de implicação lógica: distinção entre operação e relação]

Os símbolos $\rightarrow$ e $\Rightarrow$ são distintos, pois $\rightarrow$ (condicional ou implicação) indica uma **operação lógica**, ao passo que $\Rightarrow$ se refere a uma **relação lógica** em que todas as avaliações possíveis de uma operação condicional entre P e Q $(P \rightarrow Q)$ resultam em V (tautologia). Por exemplo, a condicional $p \wedge {\sim}p \rightarrow q$ é tautológica. Logo, $p \wedge {\sim}p \rightarrow q \Rightarrow T$. Observe a Tabela 6.1.

Tabela 6.1 – Tabela-verdade da operação $p \wedge {\sim}p \rightarrow q$

p	q	~p	p ∧ ~p	p ∧ ~p → q
V	V	F	F	V
V	F	F	F	V
F	V	V	F	V
F	F	V	F	V

■ Definição

Segundo o *Dicionário Aurélio* (2019), a palavra *implicar* significa "originar, produzir como consequência, ser causa de". Pode-se utilizar como exemplo a constatação de Antero de Quental (2014), quando afirma que uma filosofia definitiva implicaria a imobilidade do pensamento humano.

Considera-se que a **implicação lógica** entre P e Q (duas fórmulas propo-sicionais quaisquer), nessa ordem, ocorre se, e somente se, a implicação (condicional – →) entre elas gerar uma tautologia. Em outras palavras, uma proposição composta $P(p, q, r, ...)$ implica uma proposição com-posta $Q(p, q, r, ...)$ se, em qualquer linha da tabela-verdade de P → Q, não ocorrer de P ser V (verdadeiro) e Q ser F (falso). Desse modo,

P ⇒ Q sempre que os valores de seus conectivos forem V.

Em síntese, a condição necessária e suficiente para que uma implicação lógica qualquer representada por P ⇒ Q seja válida (verdadeira) é que a proposição condicional $P(p, q, r, ...) → Q(p, q, r, ...)$ seja uma tautologia. Para determinar se $p \land q ⇒ p \lor q$ é válida, basta construir a tabela-verda-de da proposição $p \land q → p \lor q$ e analisar o resultado.

Tabela 6.2 – Tabela-verdade da operação $p \land q → p \lor q$

p	q	$p \land q$	$p \lor q$	$p \land q → p \lor q$
V	V	V	V	V
V	F	F	V	V
F	V	F	V	V
F	F	F	F	V

O conjunto-resposta da tabela-verdade da proposição $p \land q → p \lor q$ é uma tautologia. Assim, $p \land q ⇒ p \lor q$ é válida (V). Para verificar se $p → q ⇒ p ↔ q$ é válida, basta construir a tabela-verdade da proposição $p → q → p ↔ q$ e examinar o resultado.

Tabela 6.3 – Tabela-verdade da operação $p → q → p ↔ q$

p	q	$p → q$	$p ↔ q$	$p → q → p ↔ q$
V	V	V	V	V
V	F	F	F	V
F	V	V	F	F
F	F	V	V	V

O conjunto-resposta da tabela-verdade da proposição $p \rightarrow q \rightarrow p \leftrightarrow q$ não configura uma tautologia. Portanto, $p \rightarrow q \Rightarrow p \leftrightarrow q$ não é válido (F).

■ Propriedades: implicações imediatas

Sejam P: P(p, q, r, ...), Q: Q(p, q, r, ...) e R: R(p, q, r, ...).

As seguintes propriedades valem para as relações de implicação lógica:

_ **Reflexiva**: qualquer proposição P implica a própria proposição P – $P \Rightarrow P$. Isso é comprovado pela tabela-verdade para $(P \rightarrow P)$.

Tabela 6.4 – Tabela-verdade da operação $(p \rightarrow p)$

p	$(p \rightarrow p)$
V	V
F	V

_ **Transitiva**: se $P \Rightarrow Q$ e $Q \Rightarrow R$, então $P \Rightarrow R$. Isso é comprovado pela tabela-verdade para $(p \rightarrow q) \wedge (q \rightarrow r) \rightarrow (p \rightarrow r)$.

Tabela 6.5 – Tabela-verdade da operação $(p \rightarrow q) \wedge (q \rightarrow r) \rightarrow (p \rightarrow r)$

p	q	r	$p \rightarrow q$	$\wedge$	$q \rightarrow r$	$\rightarrow$	$(p \rightarrow r)$
V	V	V	V	V	V	V	V
V	V	F	V	F	F	V	F
V	F	V	F	F	V	V	V
V	F	F	F	F	V	V	F
F	V	V	V	V	V	V	V
F	V	F	V	F	F	V	V
F	F	V	V	V	V	V	V
F	F	F	V	V	V	V	V

Importante!

Para construir as tabelas-verdade que comprovam as relações, é necessário substituir os símbolos da relação ($\Rightarrow$) pelos operadores lógicos

($\rightarrow$) e, posteriormente, efetuar as operações (construir a tabela-verdade), devendo-se lembrar que as relações só serão válidas se as tabelas-verdade sobre as operações forem tautologias.

■ Implicações lógicas notáveis

Agora, enfocaremos algumas implicações notáveis, muito úteis na aplicação do método dedutivo (simplificações).

_ Adição (AD)

$$p \Rightarrow p \lor q$$

$$q \Rightarrow p \lor q$$

Ocorre com o conectivo **ou**. Nesse caso, quando qualquer operando é verdadeiro, a disjunção também o é.

Exemplificando

"Se eu vou, então eu vou ou ele vai".

"Se ele vai, então eu vou ou ele vai".

_ Simplificação (Simp)

$$p \land q \Rightarrow p$$

$$p \land q \Rightarrow q$$

Ocorre com o conectivo **e**. Quando a conjunção é verdadeira, ambos os operandos o são.

> **Exemplificando**
> "Se eu vou e ele vai, então eu vou".

"Se eu vou e ele vai, então ele vai".

_ Simplificação disjuntiva (Simpd)

$$(p \vee q) \wedge (p \vee \sim q) \Rightarrow p$$

As proposições ocorrem de maneira contraditória com o conectivo **ou**.

> **Exemplificando**
> "Eu vou ou ele vai, e eu vou ou ele não vai. Logo, eu vou".

_ Absorção (ABS)

$$(p \rightarrow q) \Rightarrow (p \rightarrow p \wedge q)$$

Dada uma condicional, pode-se deduzir uma outra condicional com o mesmo antecedente da primeira e a conjunção **e** de suas proposições.

> **Exemplificando**
> "Se eu vou, então ele vai. Logo, se eu vou, então eu vou e ele vai".

_ Silogismo disjuntivo (SD)

$$(p \vee q) \wedge \sim p \Rightarrow q$$

$$(p \vee q) \wedge \sim q \Rightarrow p$$

Silogismo é um argumento constituído de três proposições declarativas conectadas de tal modo que é possível deduzir das duas primeiras (chamadas de *premissas*) uma conclusão.

No caso em análise, se uma disjunção é verdadeira e um dos operandos é falso, o outro tem de ser verdadeiro.

Exemplificando

"Eu vou ou ele vai. Eu não vou. Logo, ele vai".

"Eu vou ou ele vai. Ele não vai. Logo, eu vou".

Silogismo hipotético (SH)

$$(p \rightarrow q) \wedge (q \rightarrow r) \Rightarrow (p \rightarrow r)$$

O silogismo hipotético baseia-se na propriedade de transitividade da implicação. Se o consequente de uma implicação coincide com o antecedente de uma segunda, então o consequente da primeira implica o da segunda.

Exemplificando

"Se eu vou, então ele vai. Se ele vai, então ela vai. Logo, se eu vou, então ela vai".

Modus ponens (MP)

$$(p \rightarrow q) \wedge p \Rightarrow q$$

Modus ponens, em latim, significa "a maneira que afirma afirmando", que compreende a eliminação de uma implicação. Se o antecedente de uma condicional é verdadeiro, então seu consequente também tem de sê-lo.

> **Exemplificando**
>
> "Se eu vou, ele vai. Eu vou. Logo, ele vai".

> **Importante!**
>
> Não se deve confundir *modus ponens* com falácia.

Falácia da afirmação do consequente

$(p \to q) \land q \to p$

Por exemplo:

"Se eu vou, ele vai. Ele vai. Logo, eu vou."

Falácia da negação do antecedente

$(p \to q) \land {\sim}p \to {\sim}q$

Por exemplo:

"Se eu vou, ele vai. Eu não vou. Logo, ele não vai".

_ **Modus tollens (MT)**

$(p \to q) \land {\sim}q \Rightarrow {\sim}p$

Modus tollens, em latim, significa "modo que nega". Nesse caso, trata-se da negação do consequente que nega o antecedente da implicação. Assim, contradito o consequente de uma condicional verdadeira, constata-se a contradição do antecedente. Esse modo é chamado também de *contradição do consequente*.

> **Exemplificando**
>
> "Se eu vou, ele vai. Ele não vai. Logo, eu não vou".

_ Dilema construtivo (DC)

$$(p \to q) \wedge (r \to s) \wedge (p \vee r) \Rightarrow q \vee s$$

O dilema construtivo tem como base a regra *modus ponens* e é uma disjunção que contém dois antecedentes e dois consequentes. Sendo a disjunção dos precedentes verdadeira, constata-se a veracidade da disjunção dos consequentes.

> **Exemplificando**
> "Se eu vou, ele vai. Se fulano vai, sicrano vai. Eu vou ou fulano vai. Logo, ela vai ou sicrano vai".

_ Dilema destrutivo (DD)

$$(p \to q) \wedge (r \to s) \wedge (\sim q \vee \sim s) \Rightarrow (\sim p \vee \sim r)$$

O dilema destrutivo apoia-se na regra *modus tollens* e é uma disjunção que abrange a contradição dos dois consequentes de dois antecedentes. Sendo a disjunção das negações dos consequentes verdadeira, confirma-se a veracidade da disjunção das negações dos antecedentes.

> **Exemplificando**
> "Se eu vou, ele vai. Se fulano vai, sicrano vai. Ele não vai ou sicrano não vai. Logo, eu não vou ou fulano não vai".

■ Proposições associadas a uma condicional

Dada a condicional $p \to q$, definem-se três proposições condicionais associadas a ela:

1. proposição **recíproca** de p → q : q → p;
2. proposição **inversa** de p → q : ~p → ~q;
3. proposição **contrapositiva** de p → q : ~q → ~p.

Quanto às definições anteriores, as seguintes propriedades são válidas:

_ A condicional p → q e a contrapositiva ~q → ~p são equivalentes.

_ A recíproca q → p e a inversa ~p → ~q são equivalentes.

[Relação de equivalência lógica: distinção entre operação e relação]

Os símbolos ↔ e ⇔ são distintos, pois ↔ (bicondicional ou bi-implicação) indica uma **operação lógica**, ao passo que ⇔ se refere a uma **relação lógica** em que todas as avaliações possíveis de uma operação bicondicional entre P e Q (P ↔ Q) resultam em V (tautologia). Por exemplo, a bicondicional ~(p ∧ ~q) ↔ (p → q) é tautológica. Logo, ~(p ∧ ~q) ⇔ (p → q) também o é (**equivalência lógica**). Observe sua tabela-verdade a seguir.

Tabela 6.6 – Tabela-verdade da operação ~(p ∧ ~q) ↔ (p → q)

p	q	~q	p ∧ ~q	~(p ∧ ~q)	~(p ∧ ~q) ↔ (p → q)	p → q
V	V	F	F	V	V	V
V	F	V	V	F	V	F
F	V	F	F	V	V	V
F	F	V	F	V	V	V

■ Definição

O termo *equivalência* significa "igualdade de valor, correspondência". No caso da equivalência lógica, também se estabelece a ideia de equivalência, relação. Por exemplo, a equivalência lógica entre P e Q (duas fórmulas proposicionais quaisquer), nessa ordem, ocorre se, e somente se, a bi-implicação (bicondicional – ↔) entre elas gerar uma tautologia.

Duas proposições são logicamente equivalentes quando ambas apresentam os mesmos valores lógicos, ou, ainda, quando os conjuntos-resposta de suas tabelas-verdade são iguais.

Em síntese, a condição necessária e suficiente para que uma equivalência lógica qualquer representada por P $\Leftrightarrow$ Q seja válida (verdadeira) é que a proposição bicondicional correspondente P $\leftrightarrow$ Q seja uma tautologia.

Exemplificando

A bicondicional ~(p $\wedge$ ~q) $\leftrightarrow$ (p $\to$ q) é uma equivalência. Logo, ~(p $\wedge$ ~q) $\leftrightarrow$ (p $\to$ q) é uma tautologia.

Tabela 6.7 – Tabela-verdade da operação ~(p $\wedge$ ~q) $\leftrightarrow$ (p $\to$ q)

p	q	~q	p $\wedge$ ~q	~(p $\wedge$ ~q)	p $\to$ q	~(p $\wedge$ ~q) $\leftrightarrow$ (p $\to$ q)
V	V	F	F	V	V	V
V	F	V	V	F	F	V
F	V	F	F	V	V	V
F	F	V	F	V	V	V

Propriedades: equivalências imediatas

Sejam P: P(p, q, r, ...), Q: Q(p, q, r, ...) e R: R(p, q, r, ...). As seguintes propriedades valem para as relações de equivalência lógica:

– **Reflexiva**: qualquer proposição P equivale à própria proposição P – P $\Leftrightarrow$ P. Isso é comprovado pela tabela-verdade para $\left(P \leftrightarrow P \right)$.

Tabela 6.8 – Tabela-verdade da operação (P $\leftrightarrow$ P)

p	P $\leftrightarrow$ P
V	V
F	V

– **Simétrica**: se P $\Leftrightarrow$ Q, então Q $\Leftrightarrow$ P, como demonstra a tabela-verdade para $\left(p \leftrightarrow q \right) \to \left(q \leftrightarrow p \right)$.

Tabela 6.9 – Tabela-verdade da operação $(p \leftrightarrow q) \rightarrow (q \leftrightarrow p)$

p	q	p $\leftrightarrow$ q	$\rightarrow$	q $\leftrightarrow$ p
V	V	V	V	V
V	F	F	V	F
F	V	F	V	F
F	F	V	V	V

_ **Transitiva**: se $P \Leftrightarrow Q$ e $Q \Leftrightarrow R$, então $P \Leftrightarrow R$, conforme ilustra a tabela-verdade para $(p \leftrightarrow q) \wedge (q \leftrightarrow r) \rightarrow (p \leftrightarrow r)$.

Tabela 6.10 – Tabela-verdade da operação $(p \leftrightarrow q) \wedge (q \leftrightarrow r) \rightarrow (p \leftrightarrow r)$

p	q	r	(p $\leftrightarrow$ q)	$\wedge$	q $\leftrightarrow$ r	$\rightarrow$	(p $\leftrightarrow$ r)
V	V	V	V	V	V	V	V
V	V	F	V	F	F	V	F
V	F	V	F	F	F	V	V
V	F	F	F	F	V	V	F
F	V	V	F	F	V	V	F
F	V	F	F	F	F	V	V
F	F	V	V	F	F	V	F
F	F	F	V	V	V	V	V

■ Equivalências lógicas notáveis

Nesta seção, examinaremos algumas equivalências notáveis, muito úteis na aplicação do método dedutivo (simplificações).

_ **Dupla negação (DN)**

$$p \Leftrightarrow \sim(\sim p)$$

A dupla negação de uma proposição equivale à sua afirmação.

Exemplificando

"Eu vou se, e somente se, for falso que eu não vou".

...fundamentos e aplicações_

"Eu vou se, e somente se, não for verdade que eu não vou".

_ **Equivalência tautológica (ET)**

$p \lor \sim p \Leftrightarrow T(V)$ é uma tautologia.

Exemplificando

"Eu vou ou eu não vou se, e somente se, isso é verdade".

_ **Equivalência contraditória (EC)**

$p \land \sim p \Leftrightarrow C(F)$ é uma contradição.

Exemplificando

"Eu vou e eu não vou se, e somente se, isso é falso."

_ **Idempotência (ID)**

$p \Leftrightarrow p \land p$ e $p \Leftrightarrow p \lor p$ são tautologias.

Exemplificando

"Eu vou se, e somente se, eu vou e eu vou".

"Eu vou se, e somente se, eu vou ou eu vou".

_ **Comutação (COM)**

$(p \lor q) \Leftrightarrow (q \lor p)$

$$(p \wedge q) \Leftrightarrow (q \wedge p)$$

$$(p \to q) \Leftrightarrow (q \leftrightarrow p)$$

Operandos de disjunções, conjunções ou bicondicionais podem ser comutados para simplificação.

Exemplificando

"Eu vou ou ele vai se, e somente se, ele vai ou eu vou".

"Eu vou e ele vai se, e somente se, ele vai e eu vou".

"Eu vou se, e somente se, ele vai se, e somente se, ele vai se, e somente se, eu vou".

_ **Associação (Assoc)**

$$p \vee (q \vee r) \Leftrightarrow (p \vee q) \vee r$$

$$p \wedge (q \wedge r) \Leftrightarrow (p \wedge q) \wedge r$$

Elementos de disjunções e conjunções podem ser agrupados.

Exemplificando

"Eu vou, ou ele vai ou ela vai se, e somente se, eu vou ou ele vai, ou ela vai".

"Eu vou, e ele vai e ela vai se, e somente se, eu vou e ele vai, e ela vai".

_ **Distribuição (Dist)**

$$p \vee (q \wedge r) \Leftrightarrow (p \vee q) \wedge (p \vee r)$$

...fundamentos e aplicações_

$$p \wedge (q \vee r) \Leftrightarrow (p \wedge q) \vee (p \wedge r)$$

Uma disjunção pode se distribuir em uma conjunção, e vice-versa.

Exemplificando

"Eu vou, ou ele vai e ela vai se, e somente se, eu vou ou ele vai, e eu vou ou ela vai".

"Eu vou, e ele vai ou ela vai se, e somente se, eu vou e ele vai, ou eu vou e ela vai".

Contraposição ou transposição (Trans)

$$p \rightarrow q \Leftrightarrow \text{\textasciitilde}q \rightarrow \text{\textasciitilde}p$$

$$p \leftrightarrow q \Leftrightarrow \text{\textasciitilde}q \leftrightarrow \text{\textasciitilde}p$$

$$(p \leftrightarrow q \Leftrightarrow \text{\textasciitilde}p \leftrightarrow \text{\textasciitilde}q)$$

Os membros de uma condicional ou bicondicional podem ser transpostos se precedidos de uma negação.

Exemplificando

"Se eu vou, então ele vai se, e somente se, se ele não vai, então eu não vou".

"Eu vou se, e somente se, ele vai se, e somente se, ele não vai se, e somente se, eu não vou".

Implicação material (IMPL)

$$p \rightarrow q \Leftrightarrow \sim p \vee q$$

Mostra a equivalência entre uma condicional e uma disjunção.

Exemplificando

"Se eu vou, então ele vai se, e somente se, se eu não vou ou ele vai".

_ Equivalência (Equiv)

$$(p \leftrightarrow q) \Leftrightarrow (p \wedge q) \vee (\sim p \wedge \sim q)$$

Mostra a equivalência entre uma bicondicional e uma disjunção.

Exemplificando

"Eu vou se, e somente se, ele vai se, e somente se, eu vou e ele vai ou eu não vou e ele não vai".

_ Equivalência material (Equiv)

$$(p \leftrightarrow q) \Leftrightarrow (p \rightarrow q) \wedge (q \rightarrow p)$$

Mostra a equivalência entre uma bicondicional e uma conjunção de condicionais.

Exemplificando

"Eu vou se, e somente se, ele vai se, e somente se, se eu vou, então ele vai e, se ele vai, então eu vou".

_ Exportação/Importação (EXP/IMP)

...fundamentos e aplicações_

$$p \wedge q \to r \Leftrightarrow p \to (q \to r)$$

Uma parte do antecedente de uma condicional pode passar para o consequente por meio da troca de conectivos.

Exemplificando

"Se eu vou e ele vai, então ela vai se, e somente se, se eu vou, então se ele vai, então ela vai".

De Morgan (DM)

$$\sim(p \wedge q) \Leftrightarrow \sim p \vee \sim q$$

$$\sim(p \vee q) \Leftrightarrow \sim p \wedge \sim q$$

É possível definir a conjunção por meio da negação e da disjunção ou a disjunção por meio da negação e da conjunção.

Exemplificando

"É falso que eu vou e ele vai se, e somente se, se eu não vou ou ele não vai".

"É falso que eu vou ou ele vai se, e somente se, se eu não vou e ele não vai".

[Síntese]

Neste capítulo, abordamos as relações de implicação e equivalência lógicas, esclarecendo a diferença entre as operações e as relações de implicação e equivalência e suas propriedades imediatas. Também tratamos de termos e símbolos que compõem a lógica proposicional e o cálculo das sentenças/proposições, de modo a permitir a validação da resposta encontrada, além das propriedades semânticas básicas da lógica proposicional, o que possibilita simplificar ainda mais a solução de cálculos proposicionais complexos. Por fim, enfocamos a interpretação das proposições associadas a uma condicional.

[Questões para revisão]

1. Conforme visto neste capítulo, a implicação lógica entre P e Q (fórmulas proposicionais quaisquer), nessa ordem, ocorre se, e somente se:

   a. a tabela-verdade da implicação (condicional – →) entre elas gerar uma tautologia.

   b. P e Q forem representadas por tabelas-verdade iguais.

   c. P e Q não forem representadas por tabelas-verdade.

   d. a tabela-verdade das fórmulas for contingente (nem tautologia nem contradição).

   e. as tabelas-verdade dessas proposições forem diferentes.

2. Conforme explanado neste capítulo, uma proposição P é logicamente equivalente a uma proposição Q se:

   a. as tabelas-verdade dessas proposições forem diferentes.

   b. P e Q forem representadas por tabelas-verdade diferentes.

   c. as tabelas-verdade dessas proposições forem idênticas.

   d. P e Q não forem representadas por tabelas-verdade.

   e. a tabela-verdade das fórmulas for contingente (nem tautologia nem contradição).

3. Assinale a alternativa que indica a correta proposição de *modus tollens* (MT):

a. $(p \to q) \wedge \sim q \Rightarrow \sim p$

b. $(p \to q) \vee p \Rightarrow q$

c. $p \to q \vee \sim p \Leftrightarrow \sim p$

d. $p \to q \wedge q \Leftrightarrow p$

e. $p \to q \vee p \Leftrightarrow \sim p$

4. Considere as implicações a seguir e classifique-as corretamente:

a. $p \Rightarrow p \vee q$

b. $(p \to q) \Rightarrow (p \to p \wedge q)$

c. $(p \vee q) \wedge (p \vee \sim q) \Rightarrow p$

d. $(p \to q) \wedge (q \to r) \Rightarrow (p \to r)$

e. $p \wedge q \Rightarrow p$

f. $(p \to q) \wedge (r \to s) \wedge (p \vee r) \Rightarrow q \vee s$

g. $(p \vee q) \vee \sim p \Rightarrow q$

h. $(p \to q) \wedge \sim q \Rightarrow \sim p$

i. $(p \to q) \wedge p \Rightarrow q$

j. $(p \to q) \wedge (r \to s) \wedge (\sim q \vee \sim s) \Rightarrow (\sim p \vee \sim r)$

5. O que é uma relação de equivalência lógica e qual é a condição necessária e suficiente para que ela ocorra? Exemplifique.

[Questão para reflexão]

1. Uma falácia é um argumento sem consistência lógica baseado em raciocínios inválidos, mal estruturados e incoerentes. Mesmo assim, as falácias podem ser interpretadas como verdadeiras ou empregadas em técnicas de persuasão. Considerando esse contexto, apresente seu posicionamento sobre o assunto e relacione-o à comercialização de cursos *online* via redes sociais.

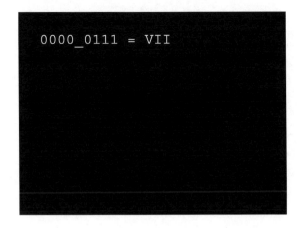

Conteúdos do capítulo:

_ Definição de álgebra das proposições.
_ Aplicação da álgebra das proposições.
_ Propriedades das operações lógicas: regras de equivalência.
_ Conceito de método dedutivo.
_ Validade de argumentos.
_ Aplicação do método dedutivo.

Após o estudo deste capítulo, você será capaz de:

1. conceituar álgebra das proposições;
2. descrever as propriedades das operações lógicas: regras de equivalência;
3. empregar a álgebra das proposições na simplificação de proposições;
4. entender o método dedutivo;
5. reconhecer a validade de argumentos;
6. aplicar o método dedutivo.

álgebra_das_
proposições_e_método_
dedutivo

Neste capítulo, abordaremos as regras e os métodos aplicados na simplificação das proposições, bem como o método dedutivo, com o objetivo principal de reduzir o código, tendo como base os conteúdos da lógica proposicional previamente apresentados.

[Álgebra proposicional]

A álgebra é parte da matemática elementar que generaliza a aritmética, introduzindo variáveis para os números e permitindo a simplificação e a resolução, por meio de fórmulas, de problemas com grandezas representadas por símbolos.

Cabe observar que mais importante que sua definição formal é a coerência na escrita das proposições simples, pois, como explica Tanenbaum (2013), autor de vários livros de referência em computação, o **computador** é uma máquina para solucionar problemas por meio da execução de instruções (programas) escritas em linguagem específica. O autor entende **programa** como o elemento responsável por transmitir essa sequência de orientações.

Nessa perspectiva, a álgebra proposicional converte-se em ferramenta essencial, uma vez que permite operar sobre proposições utilizando-se de implicações e equivalências notáveis. Um exemplo de sua aplicação é a simplificação de códigos computacionais: quanto mais simples o código, mais facilmente é compreendido e mais rapidamente pode ser executado.

O que é?

Proposições (ou afirmações) são sentenças declarativas afirmativas às quais seja possível atribuir valores-verdade – V (verdadeiro) ou F (falso).

A álgebra proposicional consiste basicamente em aplicar equivalências lógicas, agrupadas na forma de propriedades para as diversas operações lógicas, com o intuito de simplificar proposições compostas. Na sequência, discorremos sobre um conjunto de propriedades dessas operações.

Notação

RE X = regra de equivalência, em que X é o número da regra.

Negação

- **RE 1. Dupla negação:** $\sim(\sim p) \Leftrightarrow p$

Conjunção

- **RE 2. Idempotência:** $p \wedge p \Leftrightarrow p$
- **RE 3. Comutativa:** $p \wedge q \Leftrightarrow q \wedge p$
- **RE 4. Associativa:** $(p \wedge q) \wedge r \Leftrightarrow p \wedge (q + \wedge r)$
- **RE 5. Elemento neutro (V):** $p \wedge V \Leftrightarrow p$
- **RE 6. Elemento absorvente (F):** $p \wedge F \Leftrightarrow F$
- **RE 7. Equivalência contraditória:** $p \wedge \sim p \Leftrightarrow F$

Disjunção

- **RE 8. Idempotência:** $p \vee p \Leftrightarrow p$
- **RE 9. Comutativa:** $p \vee q \Leftrightarrow q \vee p$

- **RE 10. Associativa:** $(p \lor q) \lor r \Leftrightarrow p \lor (q \lor r)$
- **RE 11. Elemento neutro (F):** $p \lor F \Leftrightarrow p$
- **RE 12. Elemento absorvente (V):** $p \lor V \Leftrightarrow V$
- **RE 13. Equivalência tautológica:** $p \lor \sim p \Leftrightarrow V$

Conjunção e disjunção

- **RE 14. Distributiva:** $p \land (q \lor r) \Leftrightarrow (p \land q) \lor (p \land r)$

$$p \lor (q \land r) \Leftrightarrow (p \lor q) \land (p \lor r)$$

- **RE 15. Absorção:** $p \land (p \lor q) \Leftrightarrow p$

$$p \lor (p \land q) \Leftrightarrow p$$

- **RE 16. Leis de Morgan:** $\sim(p \land q) \Leftrightarrow \sim p \lor \sim q$

$$\sim(p \lor q) \Leftrightarrow \sim p \land \sim q$$

Condicional

- **RE 17. Implicação material:** $p \to q \Leftrightarrow \sim p \lor q$
- **RE 18. Contraposição (transposição):** $p \to q \Leftrightarrow \sim q \to \sim p$
- **RE 19. Negação:** $\sim(p \to q) \Leftrightarrow \sim(\sim p \lor q) \Leftrightarrow p \land \sim q$

Bicondicional

- **RE 20. Comutativa:** $(p \leftrightarrow q) \Leftrightarrow (q \leftrightarrow p)$
- **RE 21. Associativa:** $((p \leftrightarrow q) \leftrightarrow r) \Leftrightarrow (p \leftrightarrow (q \leftrightarrow r))$
- **RE 22. Equivalência:** $(p \leftrightarrow q) \Leftrightarrow (p \land q) \lor (\sim p \land \sim q)$
- **RE 23. Equivalência material:** $(p \leftrightarrow q) \Leftrightarrow (p \to q) \land (q \to p)$
- **RE 24. Contraposição (transposição):** $p \leftrightarrow q \Leftrightarrow \sim q \leftrightarrow \sim p \Leftrightarrow \sim p \leftrightarrow \sim q$
- **RE 25. Negação:** $\sim(p \leftrightarrow q) \Leftrightarrow (p \land \sim q) \lor (\sim p \land q)$

[Método dedutivo]

O método dedutivo refere-se à demonstração de implicações e equivalências, baseando-se em propriedades, leis e regras. Nesse método, as equivalências relativas desempenham um papel importante nas equivalências lógicas. As proposições (simples ou compostas) podem ser substituídas por P, Q, R, T, C, sendo T de *tautologia* e C de *contradição*.

Esse método, portanto, utiliza as implicações e as equivalências notáveis já apresentadas, também chamadas de *regras de inferência*, cuja validade pode ser verificada por meio da construção de tabelas-verdade para cada argumento.

[Validade de argumentos]

O objetivo principal da lógica dedutiva é verificar se um argumento (premissas e conclusão) é estruturado de tal forma que, independentemente dos valores lógicos das proposições simples envolvidas, a veracidade das premissas implique sempre a veracidade da conclusão.

O argumento válido é denominado **silogismo** e é formado por uma ou mais premissas e a respectiva conclusão. Apenas o estudo dos argumentos lógicos pode detectar um silogismo ou um argumento inválido.

As premissas e a conclusão podem ser visivelmente falsas (e até absurdas!), e o argumento, ainda assim, ser considerado válido. Isso porque, nessa perspectiva, não se leva em conta a verdade ou a falsidade das premissas que compõem o argumento, mas tão somente sua validade.

Assim, de forma geral, sendo P_k: $P_k(p, q, r,...)$, $k = 1, 2, ..., n$ e Q: Q$(p, q, r,...)$, a lógica (dedutiva) verifica se $P_1 \wedge P_2 \wedge ... \wedge P_n \rightarrow Q$ é uma tautologia, isto é, se é possível escrever $P_1 \wedge P_2 \wedge ... \wedge P_n \Rightarrow Q$ (implicação lógica) e, com isso, validar o argumento.

Logo, a validade (ou não) de um argumento depende apenas de sua forma, e não de seu conteúdo ou da verdade ou falsidade das proposições que o integram.

Até este ponto, utilizamos tabelas-verdade para atestar (ou não) sua validade. Entretanto, quando há muitas proposições no argumento, o tamanho dessas tabelas cresce exponencialmente (2^n linhas). Diante disso, o método dedutivo surge como procedimento alternativo à construção de tabelas-verdade, visto que se baseia em dois tipos básicos de formas de dedução e nas regras de equivalência, que nada mais são do que equivalências lógicas, já apresentadas como propriedades dos conectivos na álgebra das proposições.

[Aplicação do método dedutivo]

Acompanhe a seguir a descrição de uma aplicação do método dedutivo na validação de um argumento.

Passo 1: colocar o argumento na forma simbólica.

Por exemplo:

"Se os preços sobem, então a inflação é inevitável.

Os preços sobem e a economia se descontrola.

Logo, a inflação é inevitável".

Em proposições simples:

p: "Os preços sobem".

q: "A inflação é inevitável".

r: "A economia se descontrola".

Na forma simbólica:

$$(p \to q) \land (p \land r) \to q$$

Passo 2: tabelar as premissas numerando-as e separá-las da conclusão (deduções) com uma linha horizontal.

1. $p \rightarrow q$
2. $p \wedge r$

Passo 3: iniciar o processo dedutivo aplicando as regras de dedução (inferência ou equivalência). Em seguida, numerar cada dedução sequencialmente e indicar os operandos (enunciados precedentes: premissas ou deduções intermediárias) e a regra de dedução aplicada a eles, conforme as duas tabelas de regras anteriores (de inferências e equivalências). Por fim, indicar a conclusão com **C**.

1. $p \rightarrow q$
2. $p \wedge r$ Operandos   Regra de dedução
3. P   2   SIMP
C. Q   1,3   MP

Exemplificando

Simplificar $(p \rightarrow (\sim p \rightarrow q)$

1) $(p \rightarrow (\sim p \rightarrow q)$

2) $p \rightarrow (\sim\sim p \vee q)$

3) $\sim p \vee (p \vee q)$

4) $(\sim p \vee p) \vee (\sim p \vee q)$

5) $T \vee (\sim p \vee q)$

C) T

A implicação do exemplo anterior representa uma tautologia, pois a propriedade distributiva gera $(\sim p \vee p)$, ou seja, ao se juntar com o operador $\vee$ (ou), ela é forçada a apresentar um valor verdadeiro na resolução. Caso a proposição fosse $T \wedge (\sim p \vee q)$, então o valor lógico seria $(\sim p \vee q)$, visto que, ainda que falso, se unido a $(\sim p \vee q)$, equivaleria a $(\sim p \vee q)$.

Por meio de tabela-verdade e regras de inferência, vamos demonstrar a validade do seguinte argumento:

"Se o programa é eficiente, ele executará rapidamente.

O programa é eficiente ou tem um erro.

O programa não executa rapidamente.

Portanto, o programa tem um erro".

Inicialmente, o argumento deve ser traduzido para a linguagem simbólica, considerando-se as seguintes proposições simples:

p: "O programa é eficiente".

q: "O programa não executa rapidamente".

r: "O programa tem um erro".

Obtêm-se, então, na linguagem simbólica, estas premissas:

$$p \rightarrow q, p \vee r, \sim q$$

e a conclusão *r*, ou seja:

$$(p \rightarrow q) \wedge (p \vee r) \wedge (\sim q) \Rightarrow r$$

Pode-se validar o argumento com a construção da tabela-verdade:

$$(p \rightarrow q) \wedge (p \vee r) \wedge (\sim q) \rightarrow r$$

Tabela 7.1 – Tabela-verdade da proposição (p → q) ∧ (p ∨ r) ∧ (~q) → r

p	Q	r	p → q	∧	p ∨ r	∧	~q	→	r
V	V	V	V	V	V	F	F	**V**	V
V	V	F	V	V	V	F	F	**V**	F
V	F	V	F	F	V	F	V	**V**	V
V	F	F	F	F	V	F	V	**V**	F
F	V	V	V	V	V	F	F	**V**	F
F	V	F	V	F	F	F	F	**V**	V
F	F	V	V	V	V	V	V	**V**	F
F	F	F	V	F	F	F	V	**V**	V

Também é possível validar o argumento aplicando-se as regras de inferência:

$$\left(p \to q\right) \wedge \left(p \vee r\right) \wedge \left(\sim q\right) \to r$$

As premissas são:

1. $p \to q$
2. $p \vee r$
3. $\sim q$
4. $\sim q$ *modus tollens* – (1) e (3)
C. r silogismo disjuntivo – (2) e (4). Portanto, é factível concluir a proposição *r* das premissas 1, 2 e 3 → o argumento é válido.

[Síntese]

Neste capítulo, concluímos o estudo da lógica proposicional, com a apresentação do método dedutivo, esclarecendo sua utilização para a validação de argumentos. Também tratamos da álgebra das proposições e das propriedades das operações lógicas, com ênfase nas regras de equivalência. Ainda, definimos as regras e os métodos utilizados na simplificação dessas proposições, com o objetivo principal de redução de código.

[Questões para revisão]

1. As proposições (simples ou compostas) podem ser, como vimos, substituídas por *P, Q, R, T, C*. Com base nisso, analise as afirmativas a seguir sobre o método dedutivo:

   I. O método dedutivo também é empregado na demonstração de implicações e equivalências com base em propriedades, leis e regras.

   II. O método dedutivo utiliza-se de implicações e equivalências notáveis, também chamadas de *regras de inferência*.

   III. No método dedutivo, as equivalências relativas desempenham um papel importante sobre as equivalências lógicas.

   Agora, marque a alternativa correta:

   a. Apenas a afirmativa I está correta.

   b. Apenas a afirmativa II está correta.

   c. Apenas a afirmativa III está correta.

   d. Todas as afirmativas estão corretas

   e. Nenhuma das afirmativas está correta.

2. O objetivo principal da lógica dedutiva é verificar se um argumento (premissas e conclusão) é estruturado de modo que, independentemente dos valores lógicos das proposições simples envolvidas, a veracidade das premissas implique sempre a veracidade da conclusão. Considerando o conteúdo do enunciado, analise as afirmativas a seguir:

   I. O argumento válido é denominado *silogismo* e é formado por uma ou mais premissas e a respectiva conclusão.

   II. Um argumento é válido (legítimo ou bem-construído) quando sua conclusão é uma consequência obrigatória de seu conjunto de premissas.

III. As premissas e a conclusão podem ser visivelmente falsas (e até absurdas), e o argumento, mesmo assim, ser considerado válido.

Agora, assinale a alternativa correta:

a. Estão corretas as afirmativas I e II.
b. Estão corretas as afirmativas I e III.
c. Estão corretas as afirmativas II e III.
d. Apenas a afirmativa III está correta.
e. Todas as afirmativas estão corretas.

3. Analise as afirmativas a seguir sobre a álgebra das proposições:

I. É parte da matemática elementar que generaliza a aritmética, introduzindo variáveis para os números e permitindo a simplificação e a resolução, por meio de fórmulas, de problemas com grandezas representadas por símbolos.

II. É uma ferramenta muito importante, uma vez que permite operar sobre proposições utilizando-se implicações e equivalências notáveis.

III. Abrange regras e métodos aplicados na simplificação das proposições, com o objetivo principal de reduzir o código.

Agora, marque a alternativa correta:

a. Estão corretas as afirmativas I e II.
b. Estão corretas as afirmativas II e II.
c. Apenas a afirmativa I está correta.
d. Todas as afirmativas estão corretas.
e. Nenhuma das afirmativas está correta.

Raciocínio lógico computacional:...

4. Sabe-se que o método dedutivo é uma ferramenta alternativa às tabelas-verdade. Nesse sentido, mencione uma vantagem do método dedutivo em relação às tabelas-verdade e suas principais etapas de aplicação.

5. O que é um silogismo? Exemplifique.

[Questão para reflexão]

1. Sabe-se que uma proposição é uma sentença que pode ser qualificada como verdadeira ou falsa. Nesse sentido, comente sobre alguns tipos de sentenças que não são consideradas proposições e exemplifique-as.

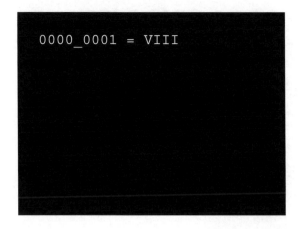

Conteúdos do capítulo:

_ Definição de predicado.
_ Conceito de lógica de predicados.
_ Alfabeto da lógica de predicados.
_ Quantificadores universal e existencial.

Após o estudo deste capítulo, você será capaz de:

1. utilizar a linguagem da lógica predicativa, incluindo objetos, predicados, conectivos, variáveis e os quantificadores universal e existencial;
2. representar os quantificadores por meio de enunciados categóricos.

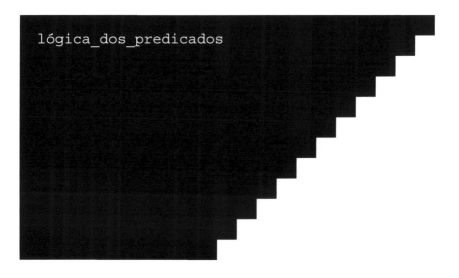

lógica_dos_predicados

Neste capítulo, enfocaremos a lógica predicativa, abordando suas definições preliminares, seu alfabeto e, por fim, os quantificadores universal e existencial, com apoio em exemplos práticos.

[Definições preliminares]

A lógica dos predicados é complemento da lógica proposicional, cuja principal fraqueza "é a sua incapacidade de lidar com incerteza. Sentenças lógicas devem ser expressas em termos de verdade ou falsidade – [...] em Lógica Clássica não é possível raciocinar sobre possibilidades" (Coppin, 2017, p. 153).

Existem proposições que fazem referência a conjuntos de objetos. Por exemplo:

"Todos os homens são mortais".

"Alguns astronautas foram à Lua".

"Nem todos os gatos caçam ratos".

Nesse caso, os termos *homens*, *astronautas* e *gatos* são conceitos, ou seja, não se referem a nenhum homem, astronauta ou gato em particular, mas sim ao **conjunto de propriedades** (também chamado de *predicado*) que faz com que um objeto esteja em uma categoria ou em outra.

A linguagem da lógica proposicional, examinada anteriormente, limita-se a representar relações entre objetos do mundo real. Por exemplo, no caso das afirmações "João é pai de Isabela" e "José é pai de Pedro", são utilizadas duas letras sentenciais (ou proposições) diferentes para expressar a mesma ideia, que é a relação de parentesco:

– *P* para simbolizar que "João é pai de Isabela";

– *Q* para simbolizar que "José é pai de Pedro".

Contudo, ambas as proposições informam o mesmo tipo de relação de parentesco entre João e Isabela e entre José e Pedro.

Outra limitação da lógica proposicional é que essa linguagem tem baixa capacidade de expressão, dado que é incapaz de representar instâncias de uma propriedade geral.

Para sanar esses problemas, foi criada a lógica de predicados, que é uma extensão da lógica proposicional (Aranha; Martins, 2003) e é também conhecida na literatura como *lógica de primeira ordem* ou *cálculo de predicados*. Ela contempla relações entre indivíduos de um mesmo domínio e permite identificar particularidades de uma propriedade geral deles, assim como derivar generalizações a partir de fatos que valem para um indivíduo qualquer desse mesmo domínio.

Como a lógica que trata apenas das proposições singulares é mais simples do que a que lida também com conjuntos de objetos, os autores preferem separar seu estudo em cálculo proposicional (ou lógica sentencial) e cálculo de predicados (ou lógica de predicados).

Para tratar dos objetos e suas propriedades, o cálculo de predicados recorre a dois conceitos matemáticos:

1. **Variável**: faz referência a um objeto genérico de uma categoria.
2. **Quantificadores**: são expressões (como *para todo* e *existe algum*) relativas à quantidade de objetos que partilham o mesmo predicado.

Exemplificando

A proposição "Todos os homens são mortais" assume a forma: "Para todo *x*, se *x* é um homem, então *x* é mortal". Por sua vez, "Alguns astronautas foram à Lua" e "Nem todos os gatos caçam ratos" assumem, respectivamente, as formas: "Existe um x tal que x é um astronauta e x foi à Lua" e "Existe um x tal que x é um gato e x não caça ratos".

Nesse contexto, as proposições dependem de definições adicionais (quantificação) para serem tratadas como V (verdadeiras) ou F (falsas). Essas proposições quantificadas só são concebidas como proposições de fato quando suas variáveis têm valores específicos, podendo receber os valores V ou F. Nesse caso, o predicado torna-se uma proposição para aquele conjunto de valores das variáveis.

Exemplificando

"$x + y = 2$" é um predicado, o que significa que depende dos valores de x e y para ser definido como V ou F. Se "$x = 1$" e "$y = 1$" (variáveis definidas), então "$x + y = 2$" torna-se uma proposição V.

Outro caso é "$x > 0$" e "cor = azul", que será V se x for positivo e a cor for azul.

Assim, é possível elaborar sentenças com as palavras *existe, qualquer, todos, alguns* e *somente*.

Além disso, o poder expressivo da lógica de predicados advém do fato de dispor de uma variedade de símbolos, seu alfabeto, de que trataremos mais adiante. Desse modo, dotado de uma linguagem mais rica, o cálculo de predicados permite várias aplicações importantes, não só nos âmbitos da matemática e da filosofia, mas também no da computação (Abar, 2011).

[alfabeto da lógica dos predicados]

Em razão de a lógica proposicional ser uma extensão da lógica predicativa, ela herda todas as suas definições e características e, dessa maneira, tanto os símbolos de pontuação quanto os conectivos lógicos apresentam o mesmo significado.

A linguagem formal da lógica predicativa é mais expressiva que a da lógica proposicional, pois, além dos símbolos (conectivos) lógico ~, $\wedge$, $\vee$, $\rightarrow$ e $\leftrightarrow$, as fórmulas bem-formadas (fbfs) da lógica predicativa são compostas de:

- objetos;
- predicados;
- conectivos;
- variáveis;
- quantificadores.

Cada um desses componentes será individualmente definido nas próximas seções.

■ Objetos

Na lógica de predicados, a noção de *objeto* é usada em sentido bastante amplo. Objetos são elementos "conhecidos" do universo e representados por letras minúsculas de *a* a *t* e podem ser:

- **concretos** (por exemplo: essa bola, esse livro, a Lua);
- **abstratos** (por exemplo: o conjunto vazio, a felicidade, a paz);
- **fictícios** (por exemplo: unicórnio, vampiro, saci-pererê);
- **atômicos** e/ou **compostos** (por exemplo: um teclado é composto de teclas).

> **O que é?**
> Um **objeto** pode ser qualquer elemento a respeito do qual precisamos dizer algo. Por convenção, nomes de objetos são escritos com letras minúsculas, e nomes distintos denotam objetos diferentes.

A Figura 8.1 ilustra a categoria dos objetos.

Figura 8.1 – Blocos empilhados

OlgaChernyak/Shutterstock

■ Predicados

Os predicados descrevem aspectos dos objetos e são representados por letras maiúsculas.

> **Exemplificando**
> "Pedro ama Joana": $A(a,b)$.

Ao apresentarem atributos dos sujeitos, acabam por categorizá-los.

> **Exemplificando**
> "Sócrates é humano": H (Sócrates).

Um predicado, portanto, denota uma relação entre objetos de determinado contexto discursivo. Por convenção, quando não se utilizam letras maiúsculas para representar os predicados, os nomes de predicados são escritos com letras minúsculas. Vejamos um exemplo baseado na Figura 8.1.

Exemplificando

"O bloco B está sobre o bloco A e sobre o bloco C".

posição (a, b, c)

"A cor da letra do bloco C é azul".

cor (c, azul)

"O bloco A é maior que o bloco B".

tamanho (a, b)

Conectivos

Os conectivos lógicos são usados para construir proposições compostas (fórmulas atômicas), formando argumentos mais complexos com base em sentenças simples e, por conseguinte, conferindo mais expressividade à lógica predicativa.

Exemplificando

Considerando-se o contexto da Figura 8.1, temos:

"O bloco A está ao lado do bloco C" e "O bloco B está em cima do bloco C".

posição (a, c) $\wedge$ (b, c)

"A letra do bloco B não é azul".

~cor (b, azul)

"O bloco A é maior que o bloco B" ou "O bloco B é menor que o bloco C".

tamanho (a, b) $\vee$ (b, c)

◼ Variáveis

Variáveis referem-se a objetos que não estão identificados no universo considerado (todos, algum, nenhum etc.) e são representadas por letras maiúsculas de U a Z.

Exemplificando

Posição (X, Y): X está sobre Y.

Cor (X): X é uma cor.

Tamanho (Y, Z): Y é maior que Z.

Nesses casos, os valores de X, Y e Z são desconhecidos.

Proposições atômicas são sentenças com valores V ou F, mas não é possível definir os de posição (X, Y), cor (X) e tamanho (Y, Z) até que as variáveis X, Y e Z tenham sido quantificadas.

O universo de uma variável é o conjunto de valores que ela pode assumir. Entretanto, em muitos casos, esse universo não está explícito e, intuitivamente, os objetos que podem substituir o pronome são incluídos, ao passo que os que não podem são descartados.

> **Exemplificando**
> "Isto está verde".

O pronome *isto* pode ser uma fruta, um semáforo ou o mar, mas não um ser humano.

Portanto, quando o universo não é explicitado, ele pode ser definido pelo próprio contexto. Muitas vezes, a definição do universo pode afetar a satisfatoriedade do aberto.

> **Exemplificando**
> Consideremos a construção:

"*x* é feroz".

Ela pode ser satisfazível se o universo for o conjunto de animais e não satisfazível se remeter ao conjunto de disciplinas de um curso.

O conjunto-verdade $\left(V_p\right)$ de uma proposição P_x é o conjunto de elementos do universo que, quando instanciam a variável, satisfazem (quer dizer, tornam verdadeiro) o enunciado, ou seja:

$$V_p = \{a \in U \mid VL\left[P(a)\right] = V\}$$

> **Exemplificando**
> Seja $U = \{1, 2, 3, 4, 5, 6, 7\}$ e a proposição "*x* é primo" representada por P_x.
>
> Então, $V_p = \{2, 3, 5, 7\}$.

Analisemos, agora, algumas relações e uma sugestão de forma simbólica:

x gosta de *y*.	gosta (x, y)

João é casado com Maria.	casados (João, Maria)
x está entre y e z.	estar (x, y, z)
Camões é o autor de *Os Lusíadas*.	autor (Camões, *Os Lusíadas*)

Nas relações, a ordem das variáveis é importante, pois, como observado no exemplo, Gxy significa "x gosta de y", e não "y gosta de x". Esse fato deve ser considerado, mesmo em predicados comutativos.

Importante!

No exemplo, *casados* (João, Maria) indica que "João é casado com Maria", não significando que "Maria é casada com João". O motivo disso é que a lógica formal leva em conta apenas a forma das expressões, e não seu significado.

Quantificadores

Como já mencionamos, o que realmente torna a lógica predicativa mais expressiva que a lógica proposicional é a noção de variáveis e quantificadores. Quantificadores são símbolos utilizados em expressões que quantificam determinados elementos do conjunto e transformam uma sentença aberta em proposição. Eles atribuem propriedades que valem para todos ou para alguns dos indivíduos do domínio.

Portanto, o termo *quantificação* tem significados (gerais e específicos) e cobre toda ação que quantifique observações e experiências, traduzindo-as para números por meio de contagem e mensuração. Ademais, especifica a quantidade de indivíduos de um domínio aos quais se aplica (ou satisfaz) uma fórmula aberta. Trata-se de outra forma de criar uma proposição com base em uma função, sendo composta de operadores

...fundamentos e aplicações_

lógicos que, em vez de indicarem relações entre sentenças, expressam relações entre conjuntos designados pelas classes de atributos lógicos.

Os quantificadores estão sempre acompanhados de uma variável (símbolo não lógico) para captar o conceito das expressões *para qualquer* e *para algum*, respectivamente. É importante ressaltar que variáveis diferentes não necessariamente designam objetos diferentes e que a escolha de variáveis não faz diferença para o significado (Franco, 2008).

Utilizados antes das variáveis para fornecer seus valores, os quantificadores são universal ($\forall$) e existencial ($\exists$). Com o quantificador **universal** ($\forall$), é possível estabelecer fatos a respeito de todos os objetos de um contexto, sem a necessidade de enumerá-los explicitamente. Já com o quantificador **existencial** ($\exists$), é possível estabelecer a existência de um objeto sem a necessidade de identificá-lo explicitamente, conforme veremos na sequência.

Exemplificando

Considerando novamente o contexto da Figura 8.1, sabemos que todo bloco precisa estar sobre alguma superfície (mesa ou prateleira, por exemplo):

$$\forall X \left[bloco(X) \to \exists Y \left[sobre(X, Y) \right] \right]$$

Atribuindo-se valores a todas as variáveis de uma função, a declaração resultante é uma proposição com um valor-verdade determinado.

Os quantificadores são interdefiníveis, pois uma fórmula com quantificador universal pode ser transformada em uma fórmula que contém apenas quantificadores existenciais, e vice-versa.

Vale destacar que a quantificação, presente na lógica de primeira ordem, não é encontrada na lógica proposicional.

Quantificador universal

O quantificador universal é denotado pelo símbolo ∀ e utilizado para expressar uma ideia de totalidade.

> **Exemplificando**
>
> Para expressar a ideia de que todos gostam de queijo, utilizamos:
>
> $$(\forall x)\big(P(x) \to G(x, Q)\big)$$
>
> O símbolo ∀ significa "para todo"; logo, a sentença traduzida é: "Para todo x é verdade que, se a propriedade P vale para x, então o relacionamento G vale entre x e Q" ou "Todo x que é uma pessoa gosta de queijo".
>
> Interpretando P(x) como "x é uma pessoa" ou, mais precisamente, "x tem a propriedade P", utilizamos os parênteses com muito cuidado na sentença anterior, que também pode ser escrita com menos parênteses:
>
> $$\forall x P(x) \to G(x, Q)$$

Declarações afirmam que uma propriedade é V ou F para todos os valores de uma variável em um domínio (tautologia/contradição).

Seja p(x) uma sentença aberta em um conjunto não vazio $A\,(A \neq 0)$ e Vp o conjunto-verdade:

$$Vp = \{x \mid x \in A \wedge p(x)\}$$

Quando Vp = A, todos elementos de A satisfazem p(x), então:

_ Para todo elemento x de A, p(x) é V.

_ Qualquer que seja o elemento x de A, p(x) é verdadeira.

Enunciados categóricos

Os enunciados categóricos para o quantificador universal podem ser afirmativos (conjuntivos) ou negativos (disjuntivos), conforme pode ser visto a seguir.

– Universal $(\forall)$ afirmativo (conjuntivo)

Sentença: "Todos os humanos são mortais"

Sintaxe: $\forall X \left[h(X) \rightarrow m(X) \right]$

Semântica: Para todo X, se X ∈ h, então X ∈ m

Observe a Figura 8.2.

Figura 8.2 – Enunciado categórico universal $(\forall)$ afirmativo (conjuntivo)

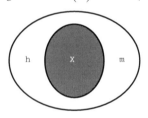

– Universal $(\forall)$ negativo (disjuntivo)

Sentença: "Nenhum humano é mortal"

Sintaxe: $\forall X \left[h(X) \rightarrow \sim m(X) \right]$

Semântica: Para todo X, se X ∈ h, então X ∉ m

Observe a Figura 8.3.

Figura 8.3 - Enunciado categórico universal $(\forall)$ negativo (disjuntivo)

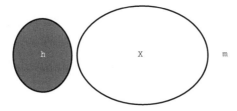

Quantificador existencial

O quantificador existencial é representado por ∃ e utilizado para expressar a noção de que alguns valores têm certa propriedade, mas não necessariamente todos eles ("algum", "existe", "ao menos um").

Exemplificando

Considere a sentença "Existe um x tal que x gosta de queijo":

$$(\exists x)(G(x, Q))$$

Percebemos que isso não dá qualquer indicação sobre os possíveis valores de x; logo, x pode ser uma pessoa, um cachorro ou um item de mobiliário.

Quando o quantificador existencial é utilizado desse modo, denota que existe pelo menos um valor de x para o qual $G(x, Q)$ é válido. Portanto, o seguinte é verdadeiro:

$$(\forall x)(G(x, Q)) \rightarrow (\exists x)(G(x, Q))$$

"Todo x gosta de queijo, então algum x gosta de queijo".

Todavia, o seguinte não é:

$$(\exists x)(G(x, Q)) \rightarrow (\forall x)(G(x, Q))$$

"Algum *x* gosta de queijo, então todo *x* gosta de queijo".

Declarações afirmam que uma propriedade é V ou F para alguns valores de uma variável em um domínio (contingência).

Seja p(x) uma sentença aberta em um conjunto não vazio $A(A \neq 0)$ e Vp o conjunto-verdade:

$$Vp = \{x \mid x \in A \wedge p(x)\}$$

Quando Vp = A, algum elemento de A satisfaz p(x), então:

_ Algum elemento de $x \in A$, p(x) é V.
_ Pelo menos um elemento *x* de A, P(X) é verdadeira.

Enunciados categóricos

Os enunciados categóricos para o quantificador existencial também podem ser afirmativos ou negativos (disjuntivos), conforme pode ser visto a seguir.

_ Existencial $(\exists)$ afirmativo

Sentença: "Alguns humanos são mortais"

Sintaxe: $\exists X \left[h(X) \rightarrow m(X) \right]$

Semântica: Existe X tal que $X \in h$ e $X \in m$

Observe a Figura 8.4.

Figura 8.4 - Enunciado categórico existencial $(\exists)$ afirmativo

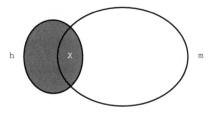

_ Existencial $(\exists)$ negativo

Sentença: "Alguns humanos não são mortais"

Sintaxe: $\exists X[h(X) \to \sim m(X)]$

Semântica: Existe X tal que $X \in h$ e $X \notin m$

Observe a Figura 8.5.

Figura 8.5 - Enunciado categórico existencial $(\exists)$ negativo

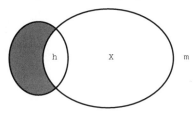

[Síntese]

Neste capítulo, tratamos dos conteúdos referentes à lógica predicativa, também denominada *lógica dos predicados*. Apresentamos, primeiramente, algumas definições para, na sequência, enfocar conceitos específicos, sempre trazendo exemplos práticos de cada caso. Ainda, explanamos sobre o alfabeto (linguagem) da lógica de predicados e abordamos os quantificadores universal e existencial.

[Questões para revisão]

1. Considerando a lógica de predicados, analise as afirmativas a seguir e marque V para as verdadeiras e F para as falsas:

   ( ) Essa lógica também é conhecida na literatura como *lógica de primeira ordem* e/ou *cálculo de predicados*.

   ( ) Essa lógica permite captar relações entre indivíduos de um mesmo domínio e deduzir particularidades de uma propriedade geral de seus indivíduos.

   ( ) Essa lógica também permite derivar generalizações com base em fatos que valem para um indivíduo qualquer do domínio.

   Agora, assinale a alternativa que apresenta a sequência correta:

   a. V, F, V.
   b. V, F, F.
   c. V, V, F.
   d. V, V, V.
   e. F, F, F.

2. Analise as afirmações a seguir sobre os conceitos matemáticos que tratam de objetos:

   I. O conceito matemático de variável refere-se a um objeto genérico de uma categoria.
   II. O conceito matemático de quantificador refere-se à quantidade de objetos que partilham o mesmo predicado.
   III. O cálculo dos predicados utiliza os conceitos matemáticos de variável e quantificador para tratar de objetos e suas propriedades.

Agora, marque a alternativa correta:

a. Estão corretas as afirmativas I e II.

b. Estão corretas as afirmativas I e III.

c. Apenas a afirmativa II está correta.

d. Apenas a afirmativa III está correta.

e. Todas as alternativas estão corretas.

3. Considerando as fórmulas bem-formadas (fbfs) da lógica de predicados, marque a alternativa que apresenta seus componentes, além dos símbolos (conectivos) da lógica proposicional:

a. Negação, conjunção, disjunção, implicação, bi-implicação.

b. Objetos, predicados, conectivos, variáveis, quantificadores.

c. Negação, conjunção, disjunção, condicional, bicondicional.

d. Não, e, ou, se... então, se e somente se.

e. Negação, conjunção, disjunção, implicação, bicondicional.

4. A lógica proposicional permite avaliar os argumentos como válidos ou inválidos, mas apresenta algumas limitações, uma vez que possibilita a elaboração de condições de validade a um conjunto restrito de argumentos dedutivos. Por outro lado, a lógica dos predicados é considerada mais abrangente. Tendo isso em vista, aborde as principais diferenças entre a lógica proposicional e a lógica de predicados.

5. Para facilitar a elaboração de argumentos na lógica dos predicados, há quatro tipos de enunciados categóricos, os quais podem ser visualizados a seguir:

...fundamentos e aplicações_

Figura A – Enunciados categóricos

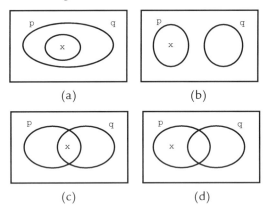

Com base na figura e nos conceitos trabalhados neste capítulo, classifique e defina os quatro enunciados.

[Questão para reflexão]

1. No conteúdo abordado neste capítulo, nota-se a utilização de temos comuns da gramática portuguesa, como *sujeito* e *predicado*. Considerando-se esse contexto, é possível fazer uma analogia entre os termos gramaticais usados no estudo da língua portuguesa e no contexto lógico?

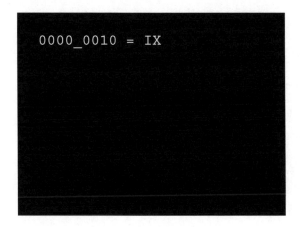

0000_0010 = IX

Conteúdos do capítulo:

_ Definição de tradução e interpretação no cálculo de predicados.
_ Sintaxe do cálculo de predicados de primeira ordem.
_ Diagramas de Venn.
_ Representação de proposições/enunciados categóricos.
_ Validade por diagramas de Venn.
_ Síntese do cálculo dos predicados de primeira ordem.

Após o estudo deste capítulo, você será capaz de:

1. compreender as definições preliminares de tradução e interpretação no cálculo de predicados, com a formalização de argumentos na lógica de predicados;
2. reconhecer a sintaxe do cálculo de predicados de primeira ordem, as fórmulas atômicas e as fórmulas bem-formadas;
3. entender os conceitos dos diagramas de Venn;
4. representar graficamente proposições/enunciados categóricos;
5. validar proposições utilizando diagramas de Venn.

cálculo_dos_predicados_de_primeira_ordem

Neste capítulo, trataremos do cálculo de predicados, também denominado *cálculo dos predicados de primeira ordem*. Inicialmente, apresentaremos a tradução e a interpretação dos predicados, com ênfase na formalização de argumentos.

[Predicado]

Como vimos no capítulo anterior, predicados descrevem alguma característica ou propriedade de determinado objeto.

Exemplificando

$x > 3$

A variável (x) é o sujeito.

A expressão > 3 é o predicado.

Denota-se x > 3 por P(x).

P(x) é o valor da função proposicional P em x.

Quando algum valor é atribuído a x, P(x) torna-se uma proposição com um valor-verdade.

Exemplificando

Seja P(x) a declaração x > 3. Quais são os valores verdade de P(4) e P(2)?

P(4), que é 4 > 3, é V.

P(2), que é 2 > 3, é F.

Os predicados podem ser classificados como:

- **monádicos** (de um só termo);
- **diádicos** (de dois termos);
- **triádicos** (de três termos);
- **poliádicos** (de quatro ou mais termos).

Vale destacar, no entanto, que muitos autores preferem nominar os predicados de dois ou mais termos de *relação*, reservando o nome *predicado* para os monádicos.

A área da lógica que trata dos predicados e dos quantificadores é o cálculo de predicados, tema que abordaremos neste capítulo.

[Tradução e interpretação no cálculo de predicados]

Nas linguagens de programação **procedurais** (pascal e outras), os programas são elaborados para informar ao computador a tarefa a ser realizada; já em linguagens **declarativas**, os programas reúnem uma série de dados e regras para gerar conclusões. Esses programas são conhecidos como *sistemas especialistas* ou *sistemas baseados no conhecimento* e simulam, em muitos casos, a ação de um ser humano (Coppin, 2017).

As linguagens declarativas incluem predicados, quantificadores, conectivos lógicos e regras de inferência que fazem parte do cálculo de predicados (Abar, 2011).

Como apresentado por Abar (2011), existem vários tipos de argumentos que, apesar de válidos, não podem ser justificados com os recursos do cálculo proposicional.

Exemplificando

"Todo amigo de Carlos é amigo de Jonas.

Pedro não é amigo de Jonas.

Logo, Pedro não é amigo de Carlos".

"Todos os humanos são racionais.

Alguns animais são humanos.

Portanto, alguns animais são racionais".

A verificação da validade desses argumentos nos leva ao significado não só dos conectivos, mas também de expressões como *todo, nenhum, algum, pelo menos um* etc. (Abar, 2011).

"**Todo** humano é mortal", ou seja, qualquer que seja x (do universo), se x é humano, então x é mortal:

$$\forall x \big(H(x) \rightarrow M(x) \big)$$

"**Nenhum** humano é vegetal", ou seja, qualquer que seja x, se x é humano, então x não é vegetal:

$$\forall x \big(H(x) \rightarrow \sim V(x) \big)$$

"**Pelo menos um** humano é inteligente", ou seja, existe pelo menos um x em que x seja humano e x seja inteligente:

$$\exists x \big(H(x) \wedge I(x) \big)$$

■ Formalização de argumentos na lógica de predicados

Utilizando-se a lógica dos predicados, o argumento:

"Sócrates é humano.

Todo humano é mortal.

Logo, Sócrates é mortal"

pode ser formalizado como:

{humano (socrates), $\forall X[humano(X) \rightarrow mortal(X)]\} \Rightarrow mortal$ (socrates)

$\forall x(H(x)) \rightarrow M(x))$

[Sintaxe do cálculo de predicados de primeira ordem]

Símbolos de cálculos de predicados podem representar variáveis, constantes e funções. As **constantes** são nomes específicos de objetos ou propriedades no domínio do universo de discurso.

Importante!

O universo de discurso (domínio de discurso ou domínio de quantificação) é uma ferramenta analítica usada na lógica dedutiva, especialmente na lógica de predicados, que indica o conjunto relevante de entidades às quais os quantificadores se referem. Portanto, *Paulo*, *folha*, *altura*, *azul* são exemplos de símbolos de constantes bem-formadas.

Os símbolos de **variáveis** são usados para designar classes gerais, objetos ou propriedades no domínio de discurso (Pereira, 2015).

Já as **funções** denotam mapeamento de um ou mais elementos de um conjunto (denominado *domínio da função*) em um único elemento de outro conjunto (denominado *alcance da função*) (Pereira, 2015).

Pereira (2015) aponta que os elementos do domínio de uma função e seu alcance são objetos no mundo do discurso. Segundo ele, todo símbolo de função tem uma associação de aridade, indicando o número de elementos do domínio mapeados em cada elemento do alcance.

Semelhantemente ao modo como são utilizadas na matemática, podemos expressar um objeto que se relacione a outro de maneira específica pelas funções. Por exemplo, representamos a sentença "Minha mãe gosta de queijo" da seguinte maneira:

G(m(eu), queijo)

A função m(x) significa "a mãe de x".

Funções podem ter mais de um argumento e, em geral, quando contam com *n* argumentos, são representadas como:

f(x1, x2, x3, ..., xn)

Uma expressão da função é um símbolo de função seguido de seus argumentos. Os argumentos são elementos do domínio de uma função, e o número de argumentos é a aridade dela. Eles ficam dentro dos parênteses, separados por vírgulas, por exemplo:

f(X,Y)

pai(David)

preço(apple)

Tais expressões são denominadas *expressões bem-formadas* (ebfs).

A lógica de predicados pode ser vista em uma gramática sensível ao contexto ou, mais tipicamente, livre de contexto. Em uma expressão da forma $(\forall x)(P(x, y))$, a variável x é dita *ligada*, ao passo que a variável y é dita *livre*. Isso significa que a variável y pode ser substituída por qualquer outra, pois está livre, mantendo a expressão com o mesmo significado; já a variável x, se fosse substituída por outra variável em $(P(x, y))$, alteraria o significado da expressão. Assim, $(\forall x)(P(y, z))$ não é equivalente a $(\forall x)(P(x, y))$, mas $(\forall x)(P(x, z))$ é.

Observe que uma variável pode ocorrer tanto ligada quanto livre em uma expressão. Por exemplo:

$$(\forall x)(P(x, y, z) \rightarrow (\exists y)(Q(y, z)))$$

Nessa expressão, x é completamente ligada, e z é completamente livre; y é livre em sua primeira ocorrência, mas ligada em $(\exists y)(Q(y, z))$. Note que ambas as ocorrências de y são ligadas; esse tipo de alteração é denominado *substituição*.

Lembre-se de que é permitida a substituição de qualquer variável livre por outra variável livre.

■ Fórmulas atômicas

Para representar frases de uma linguagem natural, a linguagem do cálculo de predicados utiliza constantes, variáveis, predicados, símbolos de conectivos, quantificadores e parênteses.

Esse tipo de cálculo referenciado também é chamado de *lógica dos predicados de primeira ordem* (LPPO). Uma lógica de primeira ordem é aquela na qual os quantificadores $\forall$ e $\exists$ podem ser aplicados a objetos e termos, mas não a predicados e funções.

_ A sintaxe de LPPO é assim definida:

_ Uma constante é um **termo**.

_ Uma variável é um **termo**.

_ f(x1, x2, x3, ..., xn) é um **termo** se x1, x2, x3, ..., xn forem todos **termos**.

Qualquer coisa que não atenda a essa descrição não pode ser um termo.

> **Exemplificando**
>
> "Não" é um termo:
>
> $(\forall x)P(x)$

Esse tipo de construção de sentença é denominado *fórmula bem-formada* (fbf), definida em tópico específico a seguir. Em lógica, a expressão simbólica constituída de um predicado e de seus termos é denominada *expressão atômica*.

> **Importante!**
>
> Expressões atômicas são fórmulas. O conceito de expressão atômica é utilizado para definir, de maneira mais precisa, o conceito de fórmula.

Expressões atômicas são as fórmulas mais simples do cálculo de predicados de primeira ordem e são constituídas por uma letra predicativa, seguida por zero ou mais letras nominais ou variáveis.

Uma fórmula atômica é uma expressão p(t1, ..., tn), em que *p* é um símbolo de predicado e *t1*, ..., *tn* são termos. Nessas definições, P é um predicado, $x_1, x_2, x_3, ..., x_n$ são termos e α e β são fórmulas. Então:

$P(x_1, x_2, x_3, ..., x_n)$

$(\sim\alpha)$

$(\alpha \wedge \beta)$

$(\alpha \vee \beta)$

$(\alpha \rightarrow \beta)$

$(\alpha \leftrightarrow \beta)$

Se α é uma fórmula e *x* uma variável, então $(\forall x)\alpha$ e $(\exists x)\alpha$ são fórmulas.

Exemplificando

"Todo amigo de Caio é amigo de José.

Pedro não é amigo de José.

Logo, Pedro não é amigo de Caio".

$$(\forall x)\big(P(x,c) \rightarrow P(x,j)\big)$$

$\sim P(p, j)$

$\sim P(p, c)$

Em que $P(x, y)$ significa que *x* é amigo de *y* e *c*, *p*, *j* são constantes que representam Caio, Pedro e José.

■ Fórmulas bem-formadas (fbfs)

Como no cálculo proposicional, nem toda sequência constituída de constantes, variáveis, predicados, símbolos de conectivos, quantificadores e parênteses é válida, isto é, representa uma frase da linguagem natural. Uma sequência válida é uma fbf (*well formed formula* – wff), ou simplesmente *fórmula*.

Se P e Q são fbfs, então:

$(\sim P)$

$(P \wedge Q)$

$(P \vee Q)$

$(P \rightarrow Q)$

$(P \leftrightarrow Q)$ também o são.

Se P(x) é uma fbf, então $\exists x(P(x))$ e $\forall x(P(x))$ também o são.

Seja $P = F(a) \wedge G(a, b)$, então são fbfs:

$\forall x(F(x) \wedge G(a, b))$

$\forall x(F(x) \wedge G(x, b))$

$\forall x(F(x) \wedge G(a, x))$

$\exists x(F(x) \wedge G(a, b))$

Confira o Quadro 9.1, que apresenta exemplos de tradução de declarações regulares e proposições intermediárias em fbfs.

Quadro 9.1 – Tradução de declarações regulares e proposições intermediárias em fbfs

Declaração regular	Proposição intermediária	fbf
Todos os cachorros perseguem todos os coelhos	Dada uma coisa qualquer, se for cachorro, então, para qualquer outra coisa que for coelho, o cachorro perseguirá.	$(\forall x)\Big[A(x) \to (\forall y)\big(B(y) \to C(x,y)\big)\Big]$
Alguns cachorros perseguem todos os coelhos	Existe uma coisa que é cachorro e, para qualquer outra coisa, se for coelho, então o cachorro perseguirá.	$(\exists x)\Big[A(x) \wedge (\forall y)\big(B(y) \to C(x,y)\big)\Big]$
Apenas cachorros perseguem coelhos	Para qualquer coisa, se é coelho, então, se alguma coisa o persegue, essa coisa é cachorro. Dadas duas coisas, se uma for coelho e a outra o perseguir, então essa outra coisa será cachorro.	$(\forall y)\Big[B(y) \to (\forall x)\big(C(x,y) \to A(x)\big)\Big]$ $(\forall y)(\forall x)\Big[B(y) \wedge \big(C(x,y) \to A(x)\big)\Big]$

Fonte: Elaborado com base em Gersting, 2004.

[Diagrama de Venn]

Os diagramas são recursos muito interessantes para a resolução de problemas envolvendo conjuntos numéricos. O diagrama de Venn, desenvolvido pelo matemático inglês John Venn (1834-1923) e publicado em sua obra *Symbolic Logic* (1881), é uma forma gráfica de representar uma coleção de objetos e informações, sendo bastante aplicado em problemas que envolvem conjuntos. Esse diagrama trouxe grande contribuição para a lógica, a estatística e a probabilidade.

De acordo com Rosen (2010, p. 113), "os conjuntos podem ser representados graficamente usando diagramas de Venn, [...] onde o conjunto universo U, que contém todos os objetos em consideração, é representado por um retângulo".

Curiosidade

"Venn (1834-1923) nasceu em uma família do subúrbio de Londres, conhecida por sua filantropia. Ele frequentou escolas londrinas e conquistou seu diploma em matemática na Caius College, Cambridge, em 1857. Foi eleito membro de sua faculdade e manteve o cargo até a sua morte. Frequentou o seminário em 1859 e, depois de uma breve carreira religiosa, retornou a Cambridge, onde desenvolveu trabalhos na área da ciência moral. Além de seu trabalho em matemática, Venn tinha interesse em história e escreveu intensamente sobre sua faculdade e sua família" (Rosen, 2010, p. 115).

No diagrama de Venn, cada classe é representada por um círculo. Para representar a proposição que afirma que a classe **não** tem elementos, o interior do círculo é **sombreado**; já quando é preciso indicar que a classe tem **pelo menos um** elemento, um X é inserido no círculo.

Para representar uma proposição categórica pelo diagrama de Venn, são necessários dois círculos, pois duas classes são referenciadas. Assim, para representar uma proposição que referencia dois predicados, S e P, são utilizados dois círculos que se interceptam, como ilustra a Figura 9.1.

Figura 9.1 - Diagrama de Venn que referencia os predicados S e P

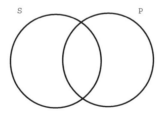

Agora observe a Figura 9.2, que representa proposição "Todo S é P", com a forma simbólica $\forall x(Sx \rightarrow Px)$. Nela, o sombreado em S indica que todos os elementos em S estão concentrados na interseção com P.

Figura 9.2 – Diagrama de Venn da proposição "Todo S é P"

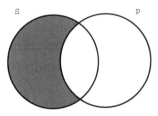

Na proposição "Nenhum S é P", com a forma simbólica $\forall x(Sx \rightarrow \neg Px)$, a interseção é sombreada, indicando que não existem elementos comuns entre S e P, conforme demonstra a Figura 9.3.

Figura 9.3 – Diagrama de Venn da proposição "Nenhum S é P"

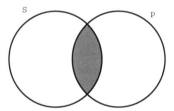

Para representar a proposição "Algum S é P", com a forma simbólica $\exists x(Sx \wedge Px)$, fazemos como mostra a Figura 9.4, em que o X na interseção das classes indica que o elemento está tanto em S quanto em P.

Figura 9.4 – Diagrama de Venn da proposição "Algum S é P"

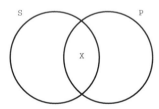

A proposição "Algum S não é P", com a forma simbólica $\exists x(Sx \wedge \neg Px)$, é representada na Figura 9.5.

Figura 9.5 - Diagrama de Venn da proposição "Algum S não é P"

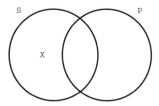

O elemento X é incluído em S, mas exterior à classe P.

■ Representação gráfica de proposições/enunciados categóricos

A representação gráfica de proposições e enunciados categóricos é uma forma de verificar a validade de um argumento.

Cada proposição é representada por um círculo com seu título, e um círculo sem preenchimento representa ausência de informação sobre a proposição, conforme demonstra a Figura 9.6.

Figura 9.6 - Enunciado categórico - círculo sem preenchimento

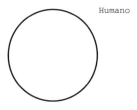

Um círculo (ou parte dele) preenchido representa uma região vazia de elementos. Observe a Figura 9.7.

Figura 9.7 - Enunciado categórico - círculo preenchido

Para representar algum (pelo menos um) elemento na proposição, insere-se um X no círculo (ou em parte dele), como pode ser visto na Figura 9.8.

Figura 9.8 - Enunciado categórico - círculo com elemento X

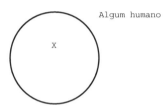

Vale destacar que, para a representação gráfica de proposições/enunciados categóricos, é preciso que existam dois círculos para mostrar uma proposição sobre dois predicados. Confira a Figura 9.9.

Figura 9.9 - Enunciado categórico da expressão humano mortal

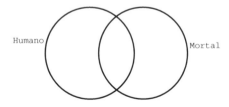

- Universal afirmativo (conjuntivo) - $(\forall)$
  Sentença: "Todo humano é mortal"

Sintaxe: $\forall X[h(X) \rightarrow m(X)]$

Semântica: Para todo X, se X ∈ h, então X ∈ m

Observe a Figura 9.10.

Figura 9.10 – Enunciado categórico universal afirmativo

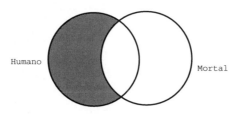

- Universal negativo (disjuntivo) – ($\forall$)
  Sentença: "Nenhum humano é mortal"
  Sintaxe: $\forall X[h(X) \rightarrow \sim m(X)]$
  Semântica: Para todo X, se X ∈ h, então X ∉ m

Observe a Figura 9.11.

Figura 9.11 – Enunciado categórico universal negativo

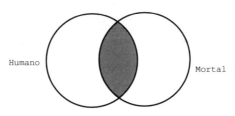

- Existencial afirmativo – ($\exists$)
  Sentença: "Alguns humanos são mortais"
  Sintaxe: $\exists X[h(X) \rightarrow m(X)]$
  Semântica: Existe X tal que X ∈ h e X ∈ m

Observe a Figura 9.12.

Figura 9.12 – Enunciado categórico existencial afirmativo

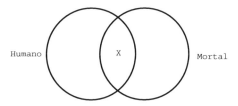

- Existencial negativo – $(\nexists)$
  Sentença: "Alguns humanos não são mortais"
  Sintaxe: $\exists X\left[h(X) \rightarrow \sim m(X)\right]$
  Semântica: Existe X tal que $X \in h$ e $X \notin m$

Observe a Figura 9.13.

Figura 9.13 – Enunciado categórico existencial negativo

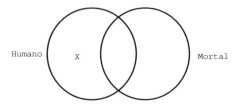

[Validade por diagrama de Venn]

Pinho (1999) define que, para comprovar a validade ou a invalidade de um silogismo categórico utilizando o diagrama de Venn, é necessário representar ambas as premissas em um único diagrama.

Nesse caso, são requeridos três círculos que se interceptam, pois as duas premissas do silogismo incluem três predicados ou três classes (Pinho, 1999).

O silogismo será válido se, e unicamente se, as duas premissas afirmarem em conjunto o que é dito pela conclusão, isto é, basta representar por meio de um diagrama de Venn as duas premissas. Se o que se afirmar na conclusão também ficar diagramado, o silogismo será válido; caso contrário, será inválido (Pinho, 1999). Confira alguns exemplos a seguir.

> **Exemplificando**
> "Tigres são animais ferozes.
>
> Alguns tigres vivem na Índia.
>
> Logo, alguns animais ferozes vivem na Índia".
>
> Utilizam-se três círculos:
>
> _ T para "tigres";
> _ F para "animais ferozes";
> _ I para "vivem na Índia".
>
> A primeira premissa é da forma "Todo T é F", e a segunda, "Algum T é I".
>
> Confira a representação gráfica na Figura 9.14.

Figura 9.14 - Validade por diagrama de Venn: "Todo T é F" e "Algum T é I"

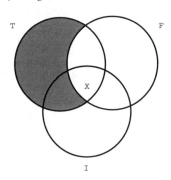

Nesse caso, o argumento representado é válido.

Pinho (1999) acrescenta que a única possibilidade de incluir o X na interseção de T e I é incluí-lo também em F. Isso representa "Algum F é I", o que afirma a conclusão, demonstrando a validade do silogismo.

"Todos os humanos são mortais.

Sócrates é humano.

Logo, Sócrates é mortal".

Utilizam-se três círculos:

_ H para "humano";
_ M para "mortal";
_ S para "Sócrates".

A premissa "Todos os humanos são mortais" é representada por "Todo H é M", e "Sócrates é humano" equivale a "Todo Sócrates é humano", isto é, "Todo S é H".

Observe a representação gráfica das premissas na Figura 9.15.

Figura 9.15 – Validade por diagrama de Venn: "Todo H é M" e "Todo S é H"

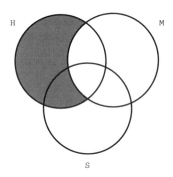

Nesse caso, o argumento representado é válido.

A única parte da classe S que não é vazia está incluída na classe M, o que afirma que todo S é M, isto é, "Sócrates é mortal", demonstrando a validade do argumento.

"Todos os cães são ferozes.

Alguns gatos são ferozes.

Logo, alguns gatos são cães".

Utilizam-se três círculos:

_ C para "cães";
_ F para "ferozes";
_ G para "gatos".

Para representar a segunda premissa, "Alguns gatos são ferozes", é necessário incluir um X na interseção entre G e F. Essa interseção tem duas regiões, uma interna e outra externa a C, e não é obrigatório inserir o X dentro de C.

Veja a representação gráfica das premissas na Figura 9.16.

Figura 9.16 – Validade por diagrama de Venn: "Todo C é F", "Algum G é F" e "Algum G é C"

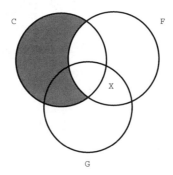

...fundamentos e aplicações_

Inserindo-se X na região externa a C, fica claro que é possível atender às duas premissas sem derivar a conclusão. Portanto, o argumento é inválido.

[Síntese]

Neste capítulo, tratamos de conteúdos referentes ao cálculo de predicados ou cálculo dos predicados de primeira ordem. Abordamos a tradução e a interpretação dos predicados, com ênfase na formalização de argumentos, bem como a sintaxe do cálculo de predicados, definindo constantes, símbolos, funções, expressões e expressões bem-formadas (ebfs). Também apresentamos as características das variáveis da expressão (ligada e/ou livre), as fórmulas atômicas e o cálculo dos predicados, denominado *lógica dos predicados de primeira ordem* (LPPO), assim como a sintaxe de LPPO, os termos e as fórmulas bem-formadas (fbfs). Por fim, descrevemos o diagrama de Venn, a representação de proposições e enunciados categóricos e a validade de argumentos por meio do diagrama de Venn.

[Questões para revisão]

1. Analise as afirmações a seguir sobre o universo de discurso (domínio de discurso ou domínio de quantificação):

    I.   É uma ferramenta analítica usada na lógica dedutiva, especialmente na lógica de predicados, que indica o conjunto relevante de entidades às quais os quantificadores se referem.

    II. *Paulo*, *folha*, *altura* e *azul* são exemplos de símbolos de nomes de sujeitos.

    III. Na sintaxe do cálculo de predicados de primeira ordem, os símbolos podem representar variáveis, constantes, funções ou predicados.

Agora, marque a alternativa correta:

a. Apenas a afirmação I está correta.

b. Apenas a afirmação II está correta.

c. Estão corretas as afirmações I e III.

d. Estão corretas as afirmações II e III.

e. Nenhuma das afirmações está correta.

2. Sobre o enunciado categórico universal afirmativo (conjuntivo) – $(\forall)$, quais são a sintaxe e a semântica da sentença "Todo humano é mortal"?

a. Sintaxe: $\forall X \left[h(X) \rightarrow m(X) \right]$; semântica: para todo X, se $X \in h$, então $X \in m$.

b. Sintaxe: $\exists x \rightarrow \left(H(x) \right) \leftrightarrow M(x))$; semântica: existe x, $x \in h$, se, e somente se, $x \in m$.

c. Sintaxe: $\forall x = \left(H \rightarrow (x) \right) \leftrightarrow M(x))$; semântica: todo x é igual, se h, então $x \in m$.

d. Sintaxe: $= \forall x \leftrightarrow \left(H \sim(x) \right) \rightarrow Mx)$; semântica: igual todo x, se, e somente se, $x \in m$.

e. Sintaxe $\exists x \leftrightarrow \left(H(x) \right) \leftrightarrow Mx)$; semântica: existe x, $x \in h$ e h, então $x \in m$.

3. Considerando a validade por diagrama de Venn, analise as afirmativas a seguir e marque V para as verdadeiras e F para as falsas:

( ) Para comprovar a validade ou a invalidade de um silogismo categórico utilizando o diagrama de Venn, é necessário representar ambas as premissas em um único diagrama.

( ) O silogismo será válido se, e somente se, as duas premissas afirmarem em conjunto o que é dito pela conclusão, isto é, basta representar por meio de um diagrama de Venn as duas premissas.

( ) Se o que se afirma na conclusão também ficar diagramado, o silogismo será válido; caso contrário, será inválido.

Agora, marque a alternativa que apresenta a sequência correta:

a. V, F, V.
b. F, F, V.
c. V, V, F.
d. F, V, F.
e. V, V, V.

4. No diagrama a seguir, cada forma geométrica representa a preferência de alunos do ensino médio por diferentes disciplinas. O retângulo, identificado com a letra A, representa o grupo de alunos que gosta mais de História; o triângulo (letra B), o grupo de alunos que gosta mais de Biologia; e o círculo (letra C), o grupo de alunos que gosta mais de Matemática.

Figura A – Preferência dos alunos pelas disciplinas de História, Biologia e Matemática

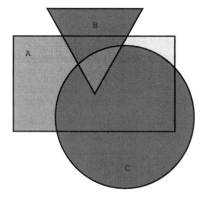

Com base nesse diagrama, determine a(s) preferência(s) dos alunos que compõem as regiões destacadas em vermelho, amarelo e verde.

5. Considere as seguintes afirmações:

   I. Todas as mulheres usam vestido.

   II. Nenhuma mulher usa vestido.

   III. Algumas mulheres não usam vestido.

   IV. Algumas mulheres usam vestido.

   Na figura a seguir, observe as representações por meio de diagramas lógicos.

Figura B - Diagramas de mulheres e vestidos

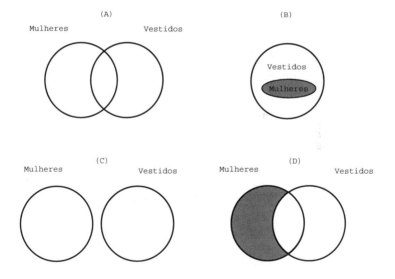

Correlacione corretamente cada uma das afirmações com as representações, indicando os respectivos enunciados categóricos.

[Questão para reflexão]

1. O diagrama de Venn, desenvolvido pelo matemático inglês John Venn, é uma forma gráfica de representar uma coleção de objetos e informações, sendo bastante aplicado em problemas que envolvem conjuntos. Tendo isso em vista, explique as utilizações do diagrama de Venn fora do campo da lógica e exemplifique-as.

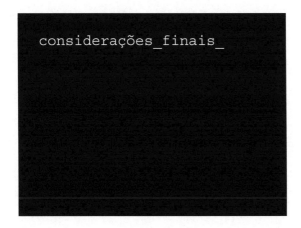

considerações_finais_

Ao transitar pelas páginas deste livro, esperamos que você, leitor, tenha compreendido a importância da lógica, desde os tempos de Aristóteles até a era da inteligência artificial.

Conhecer a lógica, o funcionamento de seu raciocínio e as múltiplas possibilidades que ela oferece para a vida contemporânea possibilita-nos conhecer um pouco da linguagem do universo. Afinal, é pelo raciocínio lógico que sentenças e problemas são traduzidos para uma linguagem computacional.

Desse modo, é importante sempre lembrarmos que desenvolver soluções computacionais é dominar uma linguagem prolífica, mas específica, interpretada e produzida por nós, seres humanos, as peças fundamentais por detrás das máquinas.

Desejamos que o conteúdo deste livro seja a porta de entrada para a busca de novos conhecimentos.

Agradecemos sua leitura e desejamos bons estudos!

glossário_

Argumentar: concluir com base em premissa.

Argumento: conjunto de afirmações estruturadas de modo que uma delas (a conclusão) seja apoiada pelas outras (as premissas). Exemplo: "A vida tem de fazer sentido porque Deus existe" (argumento); "Deus existe" (premissa); "A vida tem de fazer sentido" (conclusão). Os argumentos podem ser válidos ou inválidos, mas não podem ser verdadeiros ou falsos. Um argumento é válido quando as premissas apoiam a conclusão (ver *Validade do argumento*). Há dois grandes grupos de argumentos: (1) dedutivos e (2) não dedutivos (ver *Dedução* e *Indução*).

Compreensão (do termo): conjunto das qualidades de um termo.

Conceito: representação mental ou síntese intelectual de objeto.

Conclusão: proposição que completa um argumento-padrão.

Conectivos lógicos: os mais usuais na lógica matemática são os dispostos no quadro a seguir.

Operação	Conectivo	Símbolo
Negação	não	~, ¬
Conjunção	e	∧
Disjunção	ou	∨
Implicação ou condicional	se... então	→
Bi-implicação ou bicondicional	se, e somente se,	↔

Conversão: inversão na ordem dos termos predicado e sujeito em uma proposição.

Dedução: análise independente da experiência de um conceito; argumento cuja validade depende unicamente de sua forma lógica ou desta acompanhada dos conceitos usados. Exemplos: "Se os animais têm direitos, têm deveres; dado que quem não tem deveres, não tem direitos" é um argumento dedutivo porque sua validade depende unicamente de sua forma lógica, que, nesse caso, é "Se P, então Q; não Q; logo, não P"; "A neve é branca; logo, tem cor" é um argumento dedutivo porque sua validade depende unicamente de sua forma lógica acompanhada dos conceitos usados. Vale destacar que não é verdade que os argumentos dedutivos partem sempre do geral para o particular. O argumento seguinte, por exemplo, é dedutivo e tanto sua premissa quanto sua conclusão são particulares: "Alguns filósofos são gregos; logo, alguns gregos são filósofos" (ver *Indução*).

Extensão do termo: número de indivíduos aferidos a um termo; pode ser universal (em sua totalidade) ou particular.

Figura (do silogismo): designação das quatro posições possíveis do termo médio nas premissas do silogismo.

Forma do silogismo: reunião do modo e da figura de um silogismo.

Indução: operação sintética que parte da experiência particular para alcançar o conceito geral; geralmente se refere a dois tipos diferentes de argumentos: (1) generalizações e (2) previsões. Uma generalização é um argumento quantificador não dedutivo cujas premissas são menos gerais que a conclusão. Esse tipo de argumento apresenta a seguinte forma lógica ou formas lógicas análogas: "Alguns F são G. Logo, todos os F são G". Exemplo: "Alguns corvos são pretos; logo, todos os corvos são pretos". Já uma previsão é um argumento quantificador não dedutivo cujas premissas baseiam-se no passado e cuja conclusão é um caso particular. Exemplo: "Todos os corvos observados até hoje são pretos; logo, o corvo de João é preto". É defensável que qualquer argumento não dedutivo baseia-se na indução, nomeadamente qualquer argumento de autoridade e argumento por analogia.

Inferência: estabelecimento de uma conclusão com base em alguma premissa.

Inferência imediata: situação na qual um argumento apresenta uma única premissa.

Juízo: relação entre dois conceitos.

Modo do silogismo: sequência de tipos das três proposições que constituem o silogismo.

Oposição: divergência entre duas proposições em quantidade, em qualidade ou em ambos os casos.

Predicado: segundo termo da proposição, aquele que declara algo sobre o sujeito.

Premissa: condição, garantia ou ponto de partida da conclusão; afirmação usada em um argumento para sustentar uma conclusão. Exemplo: a premissa do argumento "O aborto não é permissível porque a vida é sagrada" é a afirmação "A vida é sagrada".

Proposição: relação de quantidade e qualidade entre dois termos; pensamento literalmente expresso por uma frase declarativa. Diferentes frases ou afirmações podem exprimir a mesma proposição: "Lisboa é uma cidade" e "*Lisbon is a city*" exprimem a mesma proposição; são sentenças que exigem conectivos lógicos ou simplesmente conectivos. As palavras ou os símbolos utilizados para formar novas proposições valem-se dos conectivos lógicos para integrar outras proposições dadas.

Qualidade da proposição: característica verbal da proposição na condição de afirmativa ou negativa.

Quantidade da proposição: característica da proposição na condição de universal ou particular.

Raciocínio: relação entre juízos.

Silogismo: argumento dedutivo categórico de três proposições e três termos.

Sujeito proposicional: primeiro termo da proposição.

Termo: expressão verbal de um conceito.

Termo maior: termo P do silogismo; predicado da conclusão.

Termo médio: termo M que figura nas duas premissas do silogismo categórico.

Termo menor: termo S do silogismo; sujeito da conclusão.

Tipo ou classe de proposição: um dos quatro gêneros de proposição (A:E:I:O).

Validade do argumento: qualidade formal do argumento cuja conclusão segue as condições das premissas.

Verdade (proposicional): qualidade da proposição que descreve um fato fielmente.

referências_

ABAR, C. A. A. P. **Noções de lógica matemática**. São Paulo: Educ, 2011.

ALCOFORADO, P.; DUARTE, A.; WYLLIE, G. Introdução. In: FREGE, G. **Conceitografia**: uma linguagem formular do pensamento puro decalcada sobre a da aritmética. Tradução de Paulo Alcoforado, Alessandro Duarte e Guilherme Wyllie. Rio de Janeiro: Ed. da UFRRJ, 2018. p. 5-14.

ARANHA, M. L. de A.; MARTINS, M. H. P. **Filosofando**: introdução à filosofia. 3. ed. São Paulo: Moderna, 2003.

BRASIL. Ministério da Educação. **Base Nacional Comum Curricular**. Brasília, 2018. Disponível em: <http://basenacionalcomum.mec.gov.br/images/BNCC_EI_EF_110518_versaofinal_site.pdf>. Acesso em: 4 mar. 2022.

COPPIN, B. **Inteligência artificial**. Tradução de Jorge Duarte Pires Valério. Rio de Janeiro: LTC, 2017.

DICIONÁRIO Aurélio Versão 8. Disponível em: <http://aurelioservidor.educacional.com.br/Content/Downloads/instalador_aurelio.zip>. Acesso em: 1º out. 2019.

DICIONÁRIO Aurélio Versão 8. Disponível em: <http://aurelioservidor.educacional.com.br/Content/Downloads/instalador_aurelio.zip>. Acesso em: 1º out. 2019.

FRANCO, M. I. **Introdução à lógica de predicados**. Disponível em: <http://www.inf.ufrgs.br/~jkv/LogicaPred.pdf>. Acesso em: 10 jul. 2008.

FRANZON, C. R. P. **A característica universal de Leibniz**: contextos, trajetórias e implicações. 190 f. Tese (Doutorado em Educação Matemática) – Universidade Estadual Paulista Júlio de Mesquita Filho, Rio Claro, 2015. Disponível em: <https://repositorio.unesp.br/bitstream/handle/11449/127773/000846216.pdf?sequence=1&isAllowed=y>. Acesso em: 4 mar. 2022.

GERSTING, J. L. **Fundamentos matemáticos para a ciência da computação**: um tratamento moderno de matemática discreta. Tradução de Lúcio Leão Fialho e Manoel Martins Filho. 5. ed. Rio de Janeiro: LTC, 2004.

HANCOCK, J. R. Dicionário Oxford dedica sua palavra do ano, 'pós-verdade', a Trump e Brexit. **El País**, 17 nov. 2016. Disponível em: <https://brasil.elpais.com/brasil/2016/11/16/internacional/1479308638_931299.html>. Acesso em: 4 mar. 2022.

NASCIMENTO, D. S. C. **Lógica computacional**. Rio Grande do Norte: IFRN, 2020. 61 slides. Disponível em: <http://diegoscnascimento.wikidot.com/logica-computacional>. Acesso em: 1° jul. 2022.

PEQUENAS EMPRESAS & GRANDES NEGÓCIOS. **Compra de cursos e aulas online aumenta mais de 200% durante a quarentena.** 19 set. 2020. Disponível em: <https://revistapegn.globo.com/Banco-de-ideias/E-commerce/noticia/2020/09/compra-de-cursos-e-aulas-online-aumenta-mais-de-200-durante-quarentena.html>. Acesso em: 19 set. 2022.

PEREIRA, M. K. F. **Extensões de primeira ordem para a lógica do anúncio público.** 204 f. Tese (Doutorado em Filosofia) – Universidade Federal de Santa Catarina, Florianópolis, 2015. Disponível em: <https://repositorio.ufsc.br/xmlui/handle/123456789/159035>. Acesso em: 1° jul. 2022.

PINHO, A. A. **Introdução à lógica matemática.** Rio de Janeiro: [s.n.], 1999. Disponível em: <https://docplayer.com.br/21344765-Introducao-logica-matematica.html>. Acesso em: 1° jul. 2022.

QUENTAL, A. de. **Tendências gerais da filosofia na segunda metade do século XIX**. São Paulo: Centauro, 2014.

REALE, G.; ANTISERI, D. **História da filosofia**: do romantismo ao empiriocriticismo. São Paulo: Paulus, 2005. (Coleção História da Filosofia, v. 5).

RIGNEL, D. G. de S.; CHENCI, G. P.; LUCAS, C. A. Uma introdução à lógica fuzzy. **Revista Eletrônica de Informação e Gestão Tecnológica**, v. 1, n. 1, p. 17-28, 2011. Disponível em: <http://www.logicafuzzy.com.br/wp-content/uploads/2013/04/uma_introducao_a_logica_fuzzy.pdf>. Acesso em: 4 mar. 2022.

ROSEN, K. H. **Matemática discreta**. São Paulo: McGraw-Hill, 2010.

SOUSA, G. C. de. **Um estudo sobre as origens da lógica matemática.** 194 f. Tese (Doutorado em Educação) – Universidade Federal do Rio Grande do Norte, Natal, 2008. Disponível em: <https://repositorio.ufrn.br/bitstream/123456789/14129/1/GiselleCS_tese.pdf>. Acesso em: 4 mar. 2022.

TANENBAUM, A. S. **Organização estruturada de computadores.** Tradução de Daniel Vieira. 6. ed. São Paulo: Pearson, 2013.

TASINAFFO, P. M. Um breve histórico do desenvolvimento da lógica matemática e o surgimento da teoria da computação. In: ENCONTRO DE INICIAÇÃO CIENTÍFICA E PÓS-GRADUAÇÃO DO ITA, 14., 2008, São José dos Campos. **Anais**... São José dos Campos: ITA, 2008. Disponível em: <http://www.bibl.ita.br/xivencita/COMP07.pdf>. Acesso em: 4 mar. 2022.

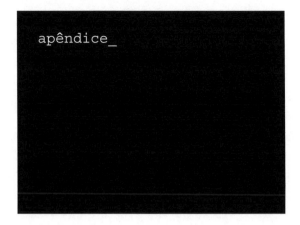

apêndice_

Lógica digital

Computadores são construídos com base em *chips* de circuito integrado, que contêm minúsculos elementos comutadores, denominados *portas*. As portas mais comuns são AND, OR, NAND, NOR e NOT.

Circuitos simples podem ser montados ao se combinarem diretamente portas individuais, e circuitos mais complexos são multiplexadores, demultiplexadores, codificadores, decodificadores, deslocadores e ULA. As leis da álgebra booleana podem ser usadas para transformar circuitos de uma forma para outra e, em muitos casos, é possível produzir circuitos mais econômicos dessa maneira.

Para melhor compreensão do assunto, serão apresentados, de forma sintética e individual, conteúdos elementares da lógica digital, também denominada *lógica dos circuitos* ou *lógica de Boole* (ou *booleana*), a saber:

definições da álgebra de Boole, funções, operações e operadores e portas lógicas.

Definições da álgebra de Boole

A álgebra de Boole é aplicável ao projeto dos circuitos lógicos e baseia-se em princípios da lógica formal, área de estudo da filosofia. Foi desenvolvida pelo matemático britânico George Simon Boole (1815-1864), motivo pelo qual leva seu nome. Seu teorema é definido sobre um conjunto de dois elementos: (**0**, **1**); (baixo, alto); (**f**also, **v**erdadeiro).

Boole percebeu que poderia estabelecer um conjunto de símbolos matemáticos para substituir certas afirmativas da lógica formal. Esses elementos, a princípio, não teriam significado numérico. O estudioso publicou suas conclusões em 1854, no trabalho *Uma análise matemática da lógica*.

Em 1938, Claude E. Shannon (1916-2001) demonstrou, em sua tese de mestrado intitulada *Uma análise simbólica de relés e circuitos de comutação*, que o trabalho de Boole poderia ser utilizado para descrever a operação de sistemas de comutação telefônica. Alguns de seus postulados são:

Se x é uma variável booleana, então:

$x = 0 \Rightarrow x \neq 1$

$x = 1 \Rightarrow x \neq 0$

Funções da lógica digital

Uma ou mais variáveis e operadores podem ser combinados formando uma função lógica:

$Z_1(A) = f(A) = \ldots$ (expressão usando variável A)

$$Z_2(A,B) = f(A,B) = \dots \text{ (expressão usando variáveis A e B)}$$

Diferentemente da álgebra ordinária presente na matemática clássica, na qual as variáveis podem assumir quaisquer valores no intervalo de $-\infty$ a $+\infty$, as variáveis booleanas podem assumir apenas dois valores, 0 e 1.

Como o número de valores que cada variável pode assumir é finito e pequeno, o número de estados que uma função booleana pode assumir também é finito, o que significa que essas funções podem ser completamente descritas utilizando-se uma tabela que lista todas as combinações de valores que as variáveis de entrada e os correspondentes da função (saídas) podem assumir.

De modo semelhante à lógica dos predicados, os resultados de uma função lógica digital podem ser expressos pela tabela-verdade, que relaciona os resultados (saída) de uma função lógica para todas as combinações possíveis de suas variáveis (entrada).

Tabela A – Tabela-verdade da função Z = f(A, B) = A + B

A	B	A + B
0	0	0
0	1	1
1	0	1
1	1	1

Nessa tabela-verdade, a função lógica Z apresenta duas variáveis, A e B, sendo $Z = f(A, B) = A + B$.

Dada a equação que descreve uma função booleana qualquer, deseja-se saber detalhadamente como essa função se comporta para qualquer combinação das variáveis de entrada.

O comportamento de uma função é descrito pela sua **tabela-verdade**, e esse problema é conhecido como **avaliação da função** ou da expressão que descreve a função considerada. Em suma, deseja-se achar a tabela-verdade para a função booleana.

Uma **tabela-verdade** consiste, basicamente, em um conjunto de colunas nas quais são listadas todas as combinações possíveis entre as variáveis de entrada (à esquerda) e o resultado da função (à direita). Também é possível criar colunas intermediárias para listar os resultados de subexpressões contidas na expressão principal. Isso normalmente facilita a avaliação, principalmente no caso de equações muito complexas e/ou que contenham muitas variáveis.

Quando aparecem operações E e OU em uma mesma equação booleana, é necessário seguir a ordem de precedência, como ocorre na lógica proposicional. Por exemplo, expressões que utilizam parênteses têm precedência sobre operadores E e OU que estejam no mesmo nível.

O número de combinações que as variáveis de entrada podem assumir pode ser calculado por 2^n, em que n é o número de variáveis de entrada.

O procedimento para a criação da tabela-verdade com base em uma equação booleana é o seguinte:

1. Criar colunas para as variáveis de entrada e listar todas as combinações possíveis utilizando a seguinte fórmula: n° de combinações = 2^n (n = número de variáveis de entrada);
2. Criar uma coluna para cada variável de entrada que apareça complementada na equação e anotar os valores resultantes;
3. Avaliar a equação seguindo a ordem de precedência, partindo do nível de parênteses mais internos:

_ primeiro: multiplicação lógica;
_ segundo: adição lógica.

Exemplificando

Dada a função $fW = X + Y \cdot Z$, a variável W representa a função booleana propriamente dita. Essa variável depende das variáveis que estão à direita do sinal =, ou seja, depende de X, Y, Z. Logo, as variáveis de entrada são 3.

O total de combinações entre 3 variáveis será $2^2 = 8$. Então, a tabela-verdade para fW terá 3 colunas à esquerda e 8 linhas.

Seguindo o procedimento apresentado, criamos uma coluna na qual são listados os valores para Z. Em seguida, iniciamos a avaliação propriamente dita, partindo do nível mais interno de parênteses. Como não há parênteses na expressão, resolvemos as subexpressões que envolvem a operação $Y \cdot Z$. Então, criamos uma coluna para $Y \cdot Z$, na qual anotados os resultados do produto.

Finalmente, utilizados os resultados de $Y \cdot Z$ listados na coluna anterior para operar $X + Y \cdot Z$. O resultado é a tabela-verdade da Tabela B.

Tabela B – Tabela-verdade da função $fW = X + Y \cdot Z$

X	Y	Z	Y · Z	X + Y · Z
0	0	0	0	0
0	0	1	0	0
0	1	0	0	0
0	1	1	1	1
1	0	0	0	1
1	0	1	0	1
1	1	0	0	1
1	1	1	1	1

Operações e operadores

Na álgebra booleana, são definidas algumas operações elementares (básicas):

- NÃO (NOT)
- E (AND)
- OU (OR)

Há também funções complementares:

- NAND (negação de E)
- NOR (negação de OU)
- XOR (*exclusive-OR* – OU exclusivo)
- XNOR (negação de OU exclusivo)

Figura A – Operadores lógicos digitais* (elementares e complementares) – portas lógicas

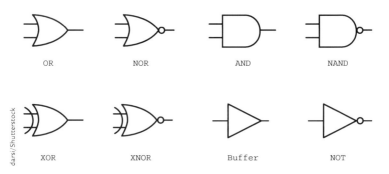

Essas operações serão explicadas mais detalhadamente no próximo tópico.

As variáveis booleanas são representadas por letras maiúsculas, como A, B, C, ..., e as funções pela notação f(A, B, C, D, ...).

Há uma ordem na solução das operações, descrita como precedência, a saber:

1. ( ) – parênteses
2. ' – negação
3. . – e
4. + – ou, OU exclusivo, ...

---
* O operador lógico *buffer* é costumeiramente chamado de *coringa*.

Mesmo não sendo operadores, os parênteses recebem destaque na ordem de precedência de operações porque seu uso altera a ordem normal dos operadores, assim como na álgebra comum.

Portas lógicas

Uma função booleana pode ser representada por uma equação, detalhada por sua tabela-verdade, ou pode ser representada de forma gráfica, de modo que cada operador esteja associado a um símbolo específico, permitindo o imediato reconhecimento visual. Esses símbolos são denominados *portas lógicas*.

Na realidade, mais do que símbolos de operadores lógicos, as portas lógicas representam recursos físicos, isto é, circuitos eletrônicos capazes de realizar as operações lógicas.

Na eletrônica digital, que trabalha apenas com dois estados, o nível lógico 0 normalmente está associado à ausência de tensão (0 volt), ao passo que o nível lógico 1 se associa à presença de tensão (5 volts).

Na álgebra booleana, na qual as portas lógicas também representam circuitos eletrônicos que, de alguma maneira, realizam as funções booleanas simbolizadas, denomina-se esse conjunto de portas lógicas e respectivas conexões, que simbolizam equações booleanas, de *circuito lógico*.

Porta lógica NOT (NÃO)

A operação NOT dispensa uma definição, uma vez que seu resultado é simplesmente o valor contrário (inverso) ao que a variável apresenta. Uma variável booleana pode assumir somente um entre dois valores: se a variável vale 1, o valor inverso é 0, e vice-versa.

Os símbolos utilizados para representação são ~A e A' (lê-se "negação de A").

Figura B - Porta lógica NOT

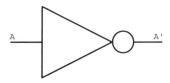

Tabela C - Tabela-verdade NOT

A	f = A'
0	1
1	0

Diferentemente de todas as outras operações lógicas, a negação é definida sobre uma variável ou sobre o resultado de uma expressão. Portanto, o operador negação é unário.

Porta lógica AND (E)

A operação AND, também denominada *multiplicação lógica*, pode ser definida como aquela que resulta 0 se pelo menos uma das variáveis de entrada vale 0. Assim, ela resulta 1 somente quando todas as variáveis de entrada são 1.

A operação AND é representada pelo símbolo ·, tal como o símbolo da multiplicação algébrica. Também é possível encontrar na bibliografia o símbolo ∧.

Figura C - Porta lógica AND

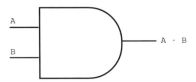

Tabela D – Tabela-verdade AN

A	B	f = A · B
0	0	0
0	1	0
1	0	0
1	1	1

A operação lógica AND necessita de pelo menos duas variáveis envolvidas, motivo pelo qual é uma operação binária.

Porta lógica OR (OU)

A operação OR, também denominada *adição lógica*, pode ser definida como aquela que resulta 1 se pelo menos uma das variáveis de entrada vale 1. Assim, a operação OR resulta 0 apenas quando todas as variáveis de entrada são 0.

A operação OR é representada pelo símbolo +, tal como o símbolo da adição algébrica. Porém, ressaltamos que, em variáveis booleanas, não se trata da adição algébrica, mas da adição lógica. Outro símbolo encontrado na bibliografia é ∨.

Figura D – Porta lógica OR

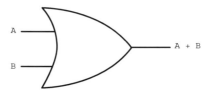

Tabela E – Tabela-verdade OR

A	B	f = A + B
0	0	0
0	1	1
1	0	1
1	1	1

Diferentemente da operação NOT, todas as operações lógicas necessitam de pelo menos duas variáveis envolvidas, não sendo possível realizar as operações sobre somente uma variável. Desse modo, o operador OR, conforme os demais, é binário.

Porta lógica NAND (negação de E)

A operação NAND, também denominada *negação de E*, é equivalente à operação AND seguida de uma operação NOT, podendo ser definida como a operação que resulta 0 somente quando todas as variáveis de entrada são 1. Assim, a operação NAND resulta 1 para todos os outros valores das variáveis de entrada.

A operação NAND é representada pelo símbolo · seguido do símbolo ' – (A · B)'.

Figura E – Porta lógica NAND

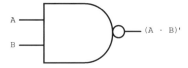

Tabela F – Tabela-verdade NAND

A	B	f = (A · B)'
0	0	1
0	1	1
1	0	1
1	1	0

Assim como nas demais operações, e diferentemente da operação NOT, a operação lógica NAND necessita de pelo menos duas variáveis, sendo, portanto, uma operação binária.

Porta lógica NOR (negação de OU)

A operação NOR, também denominada *negação de OU*, é equivalente à operação OU seguida de uma operação NOT, podendo ser definida como a operação que resulta 1 somente quando todas as variáveis de entrada são 0. Assim, a operação NOR resulta 0 para todos os outros valores das variáveis de entrada.

A operação NOR é representada pelo símbolo + seguido do símbolo ' – (A + B)'.

Figura F – Porta lógica NOR

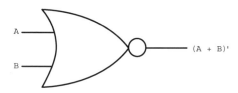

Tabela G – Tabela-verdade NOR

A	B	f = (A + B)'
0	0	1
0	1	0
1	0	0
1	1	0

Assim como nas demais operações, e diferentemente da operação NOT, a operação lógica NOR necessita de pelo menos duas variáveis, sendo, portanto, uma operação binária.

Porta lógica XOR (OU exclusivo)

A operação XOR, também denominada *OU exclusivo*, é definida como aquela que resulta 0 quando todas as variáveis de entrada são iguais. Assim, a operação XOR resulta 1 para as variáveis de entrada diferentes.

Essa operação também pode ser definida como a multiplicação lógica de OR e NAND, como em (A + B) · (A · B)'.

A operação NOR é representada pelo símbolo ⊕.

Figura G – Porta lógica XOR

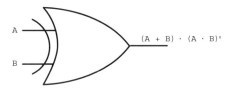

Tabela H – Tabela-verdade XOR

A	B	f = (A ⊕ B)
0	0	0
0	1	1
1	0	1
1	1	0

Assim como nas demais operações, e diferentemente da operação NOT, a operação lógica XOR necessita de pelo menos duas variáveis, sendo, portanto, uma operação binária.

Porta lógica XNOR (negação de OU exclusivo)

A operação XNOR, também denominada *negação de OU exclusivo* ou *complemento de OU exclusivo*, é definida como aquela que resulta 1 quando todas as variáveis de entrada são iguais. Assim, a operação XNOR resulta 0 para as variáveis de entrada diferentes. Essa operação também pode ser definida como a negação da multiplicação lógica de OR e NAND, como em ((A + B) · (A · B)')'.

A operação XNOR é representada pelo símbolo ⊕ seguido do símbolo '.

Figura H - Porta lógica XNOR

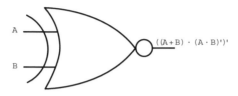

Tabela I - Tabela-verdade XNOR

A	B	f = (A ⊕ B)'
0	0	1
0	1	0
1	0	0
1	1	1

Assim como nas demais operações, e diferentemente da operação NOT, a operação lógica XNOR necessita de pelo menos duas variáveis, sendo, portanto, uma operação binária.

respostas_

Capítulo 1

Questões para revisão

1. c
2. a
3. b
4. Um argumento dedutivo válido é aquele em que, sendo todas as premissas verdadeiras, obrigatoriamente a conclusão também será. Por outro lado, o argumento sólido é aquele em que as premissas são certamente verdadeiras na realidade. Dessa forma, ao avaliar as premissas, em especial a primeira ("A gestação faz com que todas as mulheres tenham enjoos"), percebe-se que há certa fragilidade de argumentação, uma vez que não é uma verdade absoluta para todas as mulheres e as gestações. Assim, a conclusão é um argumento dedutivo válido, mas não sólido.

5. As *fake news* são notícias falsas, desinformações ou boatos dissemina-dos de forma deliberada via jornal impresso, televisão, rádio ou *online*, como nas redes sociais. Nesse sentido, as *fake news* representam infor-mações sobre as quais não há um referencial de verdade, coerência e credibilidade, de modo que não há um critério bem estabelecido de parâmetros de veracidade. Por outro lado, a lógica contemporâ-nea busca regras que permitam a elaboração de raciocínios corretos, tendo como unidades fundamentais os valores-verdade, ou seja, as *fake news* e sua disseminação são opostas às bases que fundamentam a lógica contemporânea.

Questão para reflexão

1. Com base nas premissas indicadas, podemos supor que, durante a pandemia de covid-19, o uso de tecnologias digitais nas instituições escolares se intensificou, em razão do fechamento das escolas e da adoção do modelo remoto de ensino. No entanto, apesar de ser um argumento baseado em raciocínios válidos, é preciso salientar a necessidade de confirmação na realidade, que só é possível median-te a aplicação de um método científico por especialistas da área de educação. Assim, a questão sinaliza para a conexão entre a elabo-ração de hipóteses e o respectivo confronto delas com a realidade, por meio da ciência.

Capítulo 2

Questões para revisão

1. b
2. d
3. b

4. Os três princípios básicos da lógica são: (1) identidade; (2) não contradição; e (3) terceiro excluído. O princípio da identidade refere-se ao fato de que toda proposição verdadeira é sempre verdadeira, não podendo ser ora verdadeira, ora falsa, ou seja, esse princípio diz respeito à veracidade das ideias, assegurando que uma proposição é igual a si mesma (exemplos: a = a; b = b; uma mesa é uma mesa etc.). O princípio da não contradição determina que nenhuma premissa pode ser verdadeira e falsa ao mesmo tempo; isso significa que, no caso de duas afirmações contraditórias, uma delas é verdadeira, ao passo que a outra é falsa (exemplos: se X = X, então "X" não pode ser "não X"; se eu digo que "meu perfume é bom", esse perfume não pode ser bom e ruim ao mesmo tempo etc.). O princípio do terceiro excluído indica que toda proposição é necessariamente verdadeira ou falsa, não havendo outra possibilidade (exemplos: ou "X" é "X" ou "não X"; ao dizer "isso é um mamão", ou a fruta é um mamão ou não é, uma vez que não há possibilidade de ser "mais ou menos mamão").

5.

   a. $(\sim p) \wedge (\sim q)$
   b. $(r \wedge s) \rightarrow (\sim r)$
   c. $(\sim p) \wedge q$
   d. $r \leftrightarrow s$

Questão para reflexão

1. A afirmação destacada não está correta de acordo com os princípios lógicos, uma vez que avaliar a veracidade de uma hipótese/proposição cabe aos especialistas de cada área do conhecimento, e não à logica em si. Na verdade, o que cabe à lógica é estruturar métodos para chegar a tal decisão e analisar o relacionamento entre as proposições. Desse modo, para a lógica, quando se diz que "O câncer é uma doença letal", por exemplo, entende-se que essa frase é uma

simples proposição, não carregada de uma interpretação ou julgamento prévio a respeito de sua pertinência ou dos conceitos médicos envolvidos.

Capítulo 3

Questões para revisão

1. a
2. a
3. d
4. O algoritmo de ordem de precedência com parênteses é utilizado para estabelecer uma ordem de execução das operações com parênteses, conforme os seguintes passos: 1) percorrer a expressão até encontrar o primeiro ")"; 2) voltar até encontrar o "(" correspondente, delimitando, assim, um trecho da expressão sem parênteses; 3) executar o algoritmo sobre a expressão delimitada; 4) eliminar o par de parênteses encontrado; e 5) voltar à primeira ação.
5.
   a. Negação.
   b. Conjunção.
   c. Disjunção.
   d. Implicação.
   e. Bi-implicação.

Questão para reflexão

1. Em certas situações, o procedimento de pareação torna a análise de determinadas estruturas um tanto complexa, tendo em vista a demasiada concentração de parênteses. Assim, para evitar tais dificuldades, é estabelecida uma ordem de precedência dos conectivos lógicos, na qual se torna desnecessário o uso de parênteses.

Capítulo 4

Questões para revisão

1. d
2. b
3.

	p	q	r	p → q (1)	p ↔ r (2)	~r (3)	(2) → (3) (4)	~(4) (5)	(p → q) ∨ ~((p ↔ r)→~r) (6)
1	V	V	V	V	V	F	F	V	V
2	V	V	F	V	F	V	V	F	V
3	V	F	V	F	V	F	F	V	V
4	V	F	F	F	F	V	V	F	F
5	F	V	V	V	F	F	V	F	V
6	F	V	F	V	V	V	V	F	V
7	F	F	V	V	F	F	V	F	V
8	F	F	F	V	V	V	V	F	V

4. e

5. A tabela-verdade é uma ferramenta matemática utilizada com o intuito de validar proposições, de maneira a reunir todos os valores lógicos possíveis de uma sentença. Para sua resolução, é comum a utilização dos seguintes passos:

1. Identificar as proposições e atribuir uma letra a cada uma;
2. Identificar se existem conectivos lógicos relacionando as proposições;
3. Montar a proposição somente com as letras e os símbolos associados, respectivamente, às proposições e aos conectivos;
4. As colunas da tabela são atribuídas a cada letra de cada proposição, e as linhas são os valores lógicos possíveis, ou seja, com todas as possibilidades de combinação de valores lógicos entre as proposições;
5. Por fim, a última coluna é correspondente à resolução da operação lógica.

Questão para reflexão

1. A tabela-verdade é uma ferramenta utilizada em lógica para verificar se um argumento (a relação entre proposições) é válido ou não, com o intuito de apontar quais relações são verdadeiras e quais são falsas. O ato de decorar uma tabela-verdade sem a compreensão lógica de sua elaboração pode levar o candidato a ter dificuldades com questões que fogem ao contexto memorizado. Além disso, é preciso considerar que, em avaliações, é comum que os candidatos vivenciem momentos de nervosismo intenso e acabem esquecendo os conteúdos decorados, os quais ficam registrados na memória de curto prazo. Portanto, para a compreensão eficaz das tabelas-verdade, recomenda-se o entendimento integral das bases lógicas que fundamentam sua elaboração.

Capítulo 5

Questões para revisão

1. b
2. b
3. Tabela-verdade da proposição P(p, q, r) = (p → ~q) ↔ ((~p ∨ r) ∧ ~q)

p	q	r	~p	~q	p → ~q	~p ∨ r	(~p ∨ r) ∧ ~q	(p → ~q)↔(~p ∨ r) ∧ ~q
V	V	V	F	F	F	V	F	V
V	V	F	F	F	F	F	F	V
V	F	V	F	V	V	V	V	V
V	F	F	F	V	V	F	F	F
F	V	V	V	F	V	V	F	F
F	V	F	V	F	V	V	F	F
F	F	V	V	V	V	V	V	V
F	F	F	V	V	V	V	V	V

A propriedade semântica é a contingência.

4. b

5. As propriedades semânticas permitem as seguintes relações:

   _ Toda fórmula válida (tautologia) é satisfazível.

   _ Toda fórmula contraditória (insatisfazível) é falsificável.

   _ Uma fórmula não pode ser satisfazível e contraditória.

   _ Uma fórmula não pode ser uma tautologia e falsificável.

   _ Se A é uma tautologia, então ~A é contraditória, e vice-versa.

   _ Se A é satisfazível, então ~A é falsificável, e vice-versa.

Questão para reflexão

1. Na dedução de um argumento, este é considerado válido quando: (a) o conjunto de premissas é contraditório; (b) a conclusão é uma tautologia; e (c) a conclusão pode ser deduzida das premissas. Por outro lado, um argumento é inválido quando existe pelo menos um conjunto de valores para as proposições simples que torna as premissas verdadeiras e a conclusão falsa. Portanto, para provar a validade ou a invalidade de um argumento, deve-se chegar a uma das conclusões anteriores.

Capítulo 6

Questões para revisão

1. a
2. c
3. a
4.

   a. Adição
   b. Absorção
   c. Simplificação disjuntiva
   d. Silogismo hipotético
   e. Simplificação
   f. Dilema construtivo
   g. Silogismo disjuntivo

h. *Modus tollens*

i. *Modus ponens*

j. Dilema destrutivo

5. A equivalência lógica diz respeito à correspondência entre proposições, ou seja, quando apresentam a mesma informação, porém de maneiras distintas. Na prática, tal fato pode ser verificado quando as premissas apresentam tabelas-verdade iguais. Por exemplo, quando avaliadas as seguintes proposições: $p \rightarrow q$; $\sim q \rightarrow \sim p$; $\sim p$ ou q, obtém-se a tabela-verdade a seguir:

p	q	~p	~q	p → q	~q → ~p	~p ou q
V	V	F	F	V	V	V
V	F	F	V	F	F	F
F	V	V	F	V	V	V
F	F	V	V	V	V	V

Nesse exemplo, as três últimas colunas apresentam valores lógicos idênticos, fazendo com que seja possível afirmar que as respectivas proposições são equivalentes. Por fim, vale mencionar que a condição necessária e suficiente para que uma equivalência lógica qualquer, representada por $p \Leftrightarrow q$, seja válida (verdadeira) é que a proposição bicondicional correspondente $p \leftrightarrow q$ seja uma tautologia.

Questão para reflexão

1. Recentemente, o mundo se deparou com a transmissão rápida e, por vezes, letal do novo coronavírus. Para evitar a disseminação da covid-19 e, consequentemente, reduzir as taxas de transmissão e mortalidade, foi necessário estabelecer políticas de distanciamento social. Segundo a revista *Pequenas Empresas & Grandes Negócios* (2020), a compra de cursos e aulas *online* aumentou mais de 200% durante a quarentena. No entanto, apesar de ter sido e ainda ser uma alternativa interessante para manter os estudos atualizados ou mesmo aprender

novos conteúdos, é importante que os consumidores tomem certos cuidados para evitar golpes, pois alguns profissionais recorrem às falácias lógicas no mundo digital, utilizando argumentos inválidos, mas que passam despercebidos e convencem o público.

Capítulo 7

Questões para revisão

1. d
2. e
3. d
4. A validade ou não de um argumento pode ser atestada pelas tabelas-verdade, no entanto, quando há muitas proposições, sua extensão aumenta exponencialmente (2^n linhas), sendo claramente uma desvantagem de sua aplicação. Nesse cenário, utiliza-se o método dedutivo, que se baseia apenas em dois tipos básicos de dedução (inferência ou equivalência) e nas propriedades dos conectivos. Para aplicação do método dedutivo, sugere-se a seguinte sequência de passos:

   1. Colocar o argumento na forma simbólica;
   2. Tabelar as premissas numerando-as e separá-las das conclusões com uma linha horizontal;
   3. Aplicar as regras de dedução (inferência ou equivalência);
   4. Numerar as deduções sequencialmente e indicar os operandos e a regra de dedução aplicada a cada um;
   5. Indicar a conclusão.

5. O argumento válido é denominado *silogismo*, sendo formado por uma ou mais premissas e a respectiva conclusão. Exemplos:

	Exemplo A	Exemplo B
Premissa	"Todo homem é mortal"	"Se x > 0, x é positivo"
Premissa	"José é homem"	"x = 4"
Conclusão	"Logo, José é mortal"	"Logo, 4 é positivo"

Questão para reflexão

1. As sentenças que não são consideradas proposições são: frases interrogativas (ex.: Qual é o seu nome?); imperativas (ex.: Não faça isto!); e paradoxos lógicos (ex.: Só sei que nada sei). Portanto, vale ressaltar que, para que uma sentença seja considerada uma proposição lógica, é preciso que atenda às seguintes características básicas: ser uma oração (conta com sujeito, verbo e predicado); b) ser declarativa (possibilita o julgamento de seu conteúdo); e c) apresentar apenas um valor lógico (verdadeira ou falsa).

Capítulo 8

Questões para revisão

1. d
2. e
3. b
4. O quadro a seguir relaciona as principais diferenças entre a lógica proposicional e a lógica de predicados.

Lógica proposicional	Lógica de predicados
Lida com premissas declarativas que apresentam valor de verdade.	É uma expressão elaborada com base em variáveis com um domínio específico, com objetos, relações e funções entre objetos.
Representa a lógica básica mais utilizada, também conhecida como *lógica booleana*.	É uma extensão da lógica proposicional que aborda predicados e quantificação.
As proposições têm um valor de verdade específico (V ou F).	O valor de verdade de um predicado depende do valor das variáveis.
Não realiza análise de escopo.	Permite a análise de escopo do sujeito sobre o predicado.
As proposições são combinadas com operadores ou conectivos lógicos, como negação (~); disjunção (∧); conjunção (∨); OU exclusivo (⊕); implicação (⇒); bicondicional ou dupla implicação (⇔).	Introduz quantificadores na proposição existente: universal (∀); existencial (∃); e unicidade (∃!).
Representação mais generalizada.	Representação mais especializada.
Não lida com conjuntos de entidades.	É possível lidar com conjuntos de entidades por meio dos quantificadores.

5.

1. Universal afirmativo: estabelece que o conjunto p é um subconjunto do conjunto q. Por exemplo, a sentença "Todos os homens são mortais" pode ser traduzida como $\forall X[h(X) \to m(X)]$, ou seja, para todo X, se X $\in$ p, então X $\in$ m.

2. Universal negativo: estabelece que os conjuntos p e q são disjuntos. Por exemplo, a sentença "Nenhum homem é extraterrestre" pode ser traduzida como $\forall X[h(X) \to \neg e(X)]$, ou seja, para todo X, se X $\in$ h, então X $\notin$ e.

3. Particular afirmativo: estabelece que os conjuntos p e q têm uma interseção não vazia. Por exemplo, a sentença "Alguns homens são cultos" pode ser traduzida como $\exists X[h(X) \land c(X)]$, ou seja, existe X tal que X $\in$ h e X $\in$ c.

4. Particular negativo: estabelece que existem elementos que estão no conjunto p, mas não estão no conjunto q. Por exemplo, a sentença "Alguns homens não são cultos" pode ser traduzida como $\exists X[h(X) \land \neg c(X)]$, ou seja, existe X tal que X $\in$ h e X $\notin$ c.

Questão para reflexão

1. Em gramática, o sujeito é o elemento que sofre ou realiza determinada ação, e o predicado é o elemento que faz menção ao sujeito. Similarmente, segundo o contexto lógico, o sujeito proposicional é o primeiro termo da proposição, e o predicado é o segundo termo, cujo conteúdo declara algo sobre o primeiro (sujeito). Nesse sentido, vale lembrar que a lógica relaciona-se tanto com um conjunto de regras racionais quanto com a obtenção de conhecimento filosófico, estudando, então, a validade formal de proposições linguísticas e matemáticas.

Capítulo 9

Questões para revisão

1. c
2. a
3. e
4. De acordo com o diagrama de Venn representado, a região em vermelho diz respeito aos alunos do ensino médio que preferem simultaneamente as disciplinas de História e Matemática; já a região em amarelo é composta daqueles que preferem apenas História; e, por fim, a área delimitada pela cor verde representa aqueles que gostam simultaneamente de História, Matemática e Biologia.
5. As afirmações I, II, III e IV estão devidamente indicadas nas representações B, C, D e A, respectivamente, podendo, ainda, ser classificadas da seguinte maneira: I – enunciado universal afirmativo; II – enunciado universal negativo; III – enunciado existencial negativo; e IV – enunciado existencial afirmativo.

Questão para reflexão

1. O diagrama de Venn trouxe grande contribuição para áreas como matemática, estatística, probabilidade, linguística, educação e gestão. Na matemática, esse tipo de representação é comumente utilizado na aprendizagem de conceitos matemáticos fundamentais (conjuntos, união, interseção) e até mesmo na resolução de problemas avançados. Por outro lado, estatísticos empregam o diagrama de Venn para testar a probabilidade de ocorrência de determinados fatos, uma vez que diferentes conjuntos de dados podem ser comparados para avaliar o grau de semelhança ou distinção entre eles. No

campo da linguística e da educação, os diagramas são úteis para evidenciar traços comuns ou diferentes entre línguas ou entre elementos de um mesmo idioma, além de representarem uma ferramenta para a compreensão da leitura. Por fim, na área de negócios e empreendimentos, o diagrama de Venn é comumente usado para comparar e diferenciar produtos, serviços e processos, podendo, inclusive, ser utilizado na contratação de novos funcionários.

sobre_o_autor_

André Roberto Guerra é cientista e professor, doutorando em Educação e Novas Tecnologias (PPGENT) pelo Centro Universitário Internacional Uninter, mestre em Ciência da Computação (2002) pela Universidade Federal de Santa Catarina (UFSC); especialista em Gestão Estratégica de Empresas (2002) pela Universidade Estadual do Oeste do Paraná (Unioeste); e graduado em Tecnologia da Informação (TI) (1999) pela Univel. Tem MBA Executivo em Estratégias Empresariais (2015) pela Univel e pela Fundação Getulio Vargas (FGV) e é instrutor certificado pela Cisco Networking Academy e pela plataforma Amazon Web Services (AWS). Atua como docente de cursos de graduação e pós-graduação na área de ciência da computação, com ênfase em arquitetura de computadores, raciocínio lógico, interação humano-computador, redes de computadores, sistemas operacionais de rede e auditoria de sistemas, nas modalidades presencial e EaD; pesquisador do doutorado em Educação e Novas Tecnologias do Centro Universitário Internacional Uninter; produtor de conteúdo; tutor EaD e avaliador de cursos e instituições de ensino superior (IESs) do Ministério da Educação (MEC – BASis). Também tem experiência como diretor-executivo empresarial, diretor-executivo industrial, consultor de TI e coordenador de cursos de graduação e pós-graduação.

Impressão:
Fevereiro/2023